大展好書 好書大展

易學智慧 1

易學與管理

余敦康/主編

大展出版社有限公司

序

任繼愈

《易經》這部書幽微而昭著，繁富而簡明。五千年間，易學思想有形無形地影響著中華民族的社會生活、政治生活以及人生哲學。

《周易》經傳符號單純（只有陰陽兩個符號），文字簡約（約兩萬四千餘字），給後代詮釋者留出馳騁才學的廣闊天地。迄今解易之書逾數千家。近年已有電子傳播媒體，今後闡釋易學的各種著作勢將更爲豐富。

歷代有眞知灼見的易學研究者，從各個方面反映各時代、各階層的重大問題。前人研究易學的成果豐富了中華民族的文化寶庫。研究易學，古人有古人的重點，今人有今人的重點。今天中國人的使命是加速現代化的步伐，光輝二十一世紀。

易學，作爲中華民族文化遺產，也要爲文化現代化而做貢獻。當代新易學的任務之一是擺脫神學迷信。易學雖起源於神學迷信，其出路卻在於擺脫神學迷信。凡是有生命的文化，都植根於現實生活之中，不能游離於社會之外。大到社會治亂，小到個人吉凶，都想探尋個究竟。人在世上，是聽命於神，還是求助於人，爭論了幾千年，這兩條道路都有支持者。

哲學家見到《易經》，從中悟出彌綸天地的大道理；德國萊布尼茲見到《易經》，從中啓悟出數學二進制的前景；嚴君平學《易經》，構建玄學易學的體系；江湖術士不乏「張鐵口」、「王半仙」之流，假易學之名，蠱惑愚衆，欺世騙財。易學研究走什麼道路，是易學研究者普遍關心的大事，每一位嚴肅的易學研究者負有學術導向的責任。

本叢書的撰著者多是我國近二十年來湧現的中青年易學專家。他們有系統的現代科學訓練的基礎，有較深厚的傳統文化素養，有嚴肅認眞的學風，易學造詣各有專攻。這部叢書集結問世，必將有益於世道人心，有助於易學健康開展，爲初學者提供入門津梁，爲高深造詣者申一得之見以供參考。

這套叢書的主旨，借用王充《論衡》的話——「疾虛妄」。《論衡》作於二千年前。然而，舊迷霧被清除，新迷霧又瀰漫，「疾虛妄」的任務遠未完成。如果多數群衆尚在愚昧迷信中不能擺脫，我們建設現代化中國的精神文明就無從談起。我們的任務艱巨而光榮。

本叢書的不足之處，希望與讀者同切磋，共同提升。

目錄

第二章 易學與預測決策……一〇五

第三章　易學與經營管理

緒　論

中國古代文化中有著十分豐富的管理學思想，顯示出與西方的近現代化管理迴然不同的東方特色。認真總結這一理論遺產，對順利實現我們當今面臨的社會經濟轉型，對我們恰當有效地吸收西方管理理論的有益成分，都會獲得積極的參照作用。

易學中的管理思想

中國傳統管理思想體現在社會政治、軍事、工程建設等諸多領域，豐富多彩，但它們有一個共同的源頭和理論前提，那就是《周易》。

易學原理貫穿天、地、人三才，無所不包，凝聚著中國文化在其漫長的早期發展過程中對自然和人類生存規律艱苦探索的經驗成果。易道的核心，既不是對客觀世界純粹理性的認知，也不是沉溺主觀世界中的對精神信念的冥想，而是把對世界的認知和主體自身的價值願望，在實踐操作基礎上，密切結合起來的一套決策管理模式。

《系辭傳》說：「夫《易》何為者也？夫《易》開物成務，冒天下之道，如斯而已者也。是故聖人以通天下之志，以定天下之業，以斷天下之疑。」認識把握了《易》道，就能啟發智慧、開通思想，就能通權達變、決斷疑慮，就能引導我們的實踐走向成功。所以說：「夫易，聖人之所以極深而研幾也。唯深也，故能通天下之志；唯幾也，故能成天下之務；唯神也，故不疾而速，不行而至。」「神」即陰陽變化神妙不測的規律，「幾」即變化的苗頭，吉凶的先兆。《易》道就是要幫助人們掌握陰陽推移的規律，用以指導主體的行為，使之進入隨機應變，應付裕如之境。

易學把對變化規律的把握認識和對這種規律的利用相結合，引導主體面對複雜的局面慎重決策，有效地組織，並隨時對主體的行為模式加以調整。因此，也可以說《周易》是古代社會的人們，探討如何進行正確決策管理的書。

《周易》在中國歷史上發揮的最重要作用，就在於它對人們社會政治實踐的直接指導上。歷來政治家都很重視《周易》管理思想的操作價值。

明代大臣張居正（一五二五—一五八二）在《答胡劍西太史》一信中談到過自己的切身感受：「弟甚喜楊誠齋《易傳》，座中置一帙常玩之。竊以為六經所載，無非格言，至聖人涉世妙用，全在此書。自起居言動之微，至經綸天下之大，無一事不有微機妙用，無一事不可至命窮神，乃其妙即白首不能殫也，即聖人不能盡也，誠得一二，亦可以超世拔俗矣。」

小而一己起居言動之微，大而天下家國的政治組織管理；無不能從《周易》的智慧中得到啟示。

《周易》共有六十四卦，三百六十四爻。各卦所體現的時空環境差異頗多，各爻代表的主體的各種相類的或不相類的作為在這諸多不同的情境中就呈現出極複雜的意義情態。行為是否正確，後果是吉是凶，是禍是福，並不完全決定於行為本身，而與行為是否適合於具體情況的規定性相關。

現實社會是無限複雜的，《周易》不可能窮盡所有不同的環境場景和行為，但無疑，人們無論身處逆境或順境，在面臨決策的任務時，都可以從易學對它所列舉的典型情境中的典型行為的分析中，獲得方法論的指導。所以，張居正才會說「至聖人涉世妙用，全在此書」。易學探索客觀世界的目的，就是為了開通天下人的思想，成就天下人的功業，決斷天下人的疑惑。

易學的管理思想，既強調人應效法天地，按宇宙自然的秩序規範自己的行為，又強調人應發揮自己的主體能動性，自強不息，奮發精進，積極作為。《系辭傳》中說：「夫《易》，聖人所以崇德而廣業也。知崇禮卑，崇效天，卑法地。天地設位而《易》行乎其中矣。成性存存，道義之門。」

聖人的經世致用之偉業，既須效法天地的自然法則，又要具備「成性存存，道義之門」的人文努力。所以易學的管理觀念，既重視環境、時間、條件、事變等各方面的形勢，也同樣要求君子人格「懲忿窒欲」、「反身修德」的修養，以便對局面作出向著有利於主體方面的能動引導。所謂「終日乾乾，夕惕若，厲無咎」就是這個意思。

《易經》本是卜筮之書。卜筮的起源，可追溯至傳說中畫八卦的伏羲時代。當時人們的思維水平極為低下，掌握的知識也很貧乏。他們為了生活上的需要，迫切關心自己的行動所帶來的後果，因而通過卜筮來預測吉凶禍福，作出估計和決策。卜筮不可能真正幫助早期人類把握客觀世界的真際，卻顯示了早期人類試圖根據外在環境條件的動態發展來決定調整自己行為的可貴努力，包含著管理思想的最初萌芽。

到了殷周之際，人們把卜筮的記錄再加上一些對客觀環境的觀察和生活經驗匯編成書，遇到新的情況新的問題時，就去從其中尋找參照。《易經》於是成了一部指導人們實踐操作的參考資料的匯編。

春秋戰國時期，人們的思維水平提高了，掌握的知識豐富了，能夠把客觀環境看成是一個由天道、地道、人道組成的大系統，並且探索出支配這個大系統的根本規律，即所謂一陰一陽之道。這是認識上的大飛躍。人們揚棄了《易經》的宗教巫術，將它發展成全新的理性化的哲學思維。但《易經》固有的將認知與行動緊密相連的思想品格，卻被完整地繼承下來了。

《易傳》中一再強調，對自然與社會加以認識的目的，無非是用以指導自己的行動，趨吉避凶、「開物成務」，「以定天下之業」。

易道的操作功能來源於《易經》的象數和筮法。《易經》的象數和筮法是一套巫術操作系統，《易傳》則站在陰陽哲學的高度，對這個系統進行了創造性轉化。據《易傳》看來，象數這種形式，不僅「彌綸天地之道」，可以表達深刻的義理，而且可以經由一套特定的操作程序推演預測未來的吉凶，對利害休咎作出類似於巫術那樣的決斷。

卜筮巫術把象數作神秘主義的解釋，當作幽冥神鬼旨意的體現，《易傳》則把它重新解釋成陰陽規律支配的符號系統，象徵著天道人事的變化。蓍而有爻，爻則成卦。借「參伍以變，錯綜其數」的操作程序形成的象數系統，概括地反映了極複雜的變化，所謂「天下之至變」。陰陽規律凝結而為卦的象數結構，故稱這種結構有「知以藏往」之功。它面對紛紜世界萬千迷幻，揭示出其背後所固有的某種確定不變的規律，從而可以給人以哲理性的啟迪。

對《周易》之道來說，源於巫術操作的象數結構和建基於陰陽哲學的義理內容是不可分割的矛盾統一體。撇開象數分析其中的義理，會使這種義理抽象化、普泛化，從而混同於一般性的哲學理論，喪失掉它的直接操作功用。抹煞義理而孤立地考究象數，也會使這種象數成為僅僅一種僵死的沒有現實涵攝力的空殼。因而《易傳》論述象數時，總不忘結合義理，談論義理時，也總聯繫象數。一陰一陽之道，稱為形而上，神而不可見；象數形式稱為形而下，「擬諸其形容，象其物宜」，有形有器，可把可玩可睹。道器結合一體，故能「化而裁之」，「推而行之」，「舉而措之天下之民」，直接指導各種不同領域內的決策管理實踐。

《易傳》結合象數結構形式，具體探討了由衝突轉化為和諧的各種調整方略，從而形成了以和為最高準則的決策管理理論。

《彖辭上傳・乾卦》中首先提出了「太和」的觀念，以為乾道變化的結果，應是萬物各得其宜，剛柔協調互補，整個宇宙大化在一種最高的和諧中生生不已。這種最高的和諧不可能是消極地順應自然的結果，大至天下國家，小至宗族團體，乃至現代社會中的企業，都只有通過自強不息的努力去爭取。

太和作為系統組織者進行決策管理活動的最高目標，在《易傳》看來，它不是靜態的，一旦達到就可以安享其成的確定成果，而是一種永恆追求歷程的前導方向。即使經過一番細致耐心的調整工作而達到了相對的和諧，由於各種因素及相互關係都是處在不斷變化中的，也必須居安思危，注意隨時消除各種有害因素，防微杜漸，精心維持組織的有序狀態。

《系辭傳》頗有感觸地分析道：「《易》之興也，其於中古乎？作《易》者，其有憂患乎？」只有懷抱憂患感，才能減少失誤，不犯錯誤，促使衝突向和諧轉化，在和諧時又「安不忘危，存不忘亡，治不忘亂」。

《易傳》對《易經》的發展提升，另一個很重要的表徵，就是在它把卦爻結構改造為表達陰陽哲學觀念的工具的過程中，提煉出了「時」的範疇。卦由六爻組合而成，爻分奇偶，位分陰陽，由初而上，從其相互的承、乘、比、應的關係，可以看出陰陽兩大勢力的不同配置。這種配置構成了客觀世界推移變化的關係之網，它總攬全局，對象徵著主體作為的各爻起支配作用，成為各爻不能不置身其中的處境或機運，這也就是「時」。

陰陽勢力配置錯綜複雜，隨時推移，有的配置得當，有的配置不當，有的得和諧而吉，有的不得和諧而凶，有的吉而背後潛在著凶，有的凶而卻隱約透出向吉運動的趨向。「時」的範疇，充分昭示了這種情境環境條件的變易性質。

《易傳》非常重視「時」的意義。這就啟發人們在管理活動中，應立足於和諧的理想對客觀形勢進行不斷的調整與控制，根據具體情況，或隨而順之，或宰以制之，實現「開物成務」的目的。

《易傳》以陰陽學說為核心，集中論述了管理活動中處理人際關係必須注意的問題。陰陽學說把社會上的各種複雜的人際關係，抽象地概括為兩種對立的勢力，在上者屬陽，在下者為陰。陽為剛，起主導作用；陰為柔，起承接、完成的作用。《易傳》認為，只有剛柔兩種對立的勢力配置得當，才會有諧和的局面，反之則會衝突，導致系統的混亂停滯。

一般來說，《易傳》認為，天地陰陽上下剛柔尊卑等級地位是不能顛倒的。陰不安於從屬的地位而求比擬於陽，或陽剛愎自用一意孤行，從而失去陰的支持和擁護，都會破壞系統整體的有序性。因此，陰陽不僅應各安其位，各守其分，同時還應互相同情，互相追尋。如果這種追尋達到了相互的充分溝通和恰當的組合，那就是管理目標的實現了。

決策在管理活動中居於十分突出的地位。決策是貫穿著管理的全過程的，在某種意義上，管理就是決策。管理任何一項職能的發揮，都離不開決策。即使最基層的班組工段，每天的生產任務安排，勞動力調度，生產過程中的具體問題的處理等，都需要及時的決策判斷。決策的關鍵，是收集整理各式各樣的信息，加以分析，對未來的可能提出各種方案，然後選擇出盡可能令人滿意的目標加以實現。決策的任務，是要對未來作出判斷選擇。判斷選擇的依據，是對已知信息的分析。因此，有關信息的把握和理解體會，是十分重要的一環。這種思維在《易傳》中也有充分體現。

《系辭傳》曾就《周易》的價值和功用作了如下提示：「《易》有聖人之道

四焉，以言者尚其辭，以動者尚其變，以制器者尚其象，以卜筮者尚其占。是以君子將有為也，將有行也，問焉而以言，其受命也如嚮，無有遠近幽深，遂知來物。」又說：「是故君子所居而安者，易之象也；所樂而玩者，爻之辭也。是故君子居則觀其象而玩其辭，動則觀其象而玩其占。」「玩」謂玩味，即反覆體會其中的信息價值。

《系辭傳》說：「夫易彰往而察來，而微現闡幽。是故蓍之德圓而神，卦之德方以智，六爻之義易以貢。聖人以此洗心，退藏於密，吉凶與民同患。神以知來，知以藏往，其孰能與於此哉！」又說：「極數知來之謂占，通變之謂事，陰陽不測之謂神。」占就是「極數知來」。「極數」所以能「知來」，是因為「數」乃既往歷史過程的抽象概括，其中涵括了十分豐富的歷史經驗和生活信息。占的活動就是要充分理解利用這些信息，作出正確的決策。

易學中的管理思想還包含許多具體的經營策略，涉及了組織原則、變通原則、調控原則、用人原則等諸多現代管理學理論，同樣在認真研究的問題。

如《易傳》認為，儘管系統的各組成部分各司其職，互不凌越，共同為整體功能的正常發揮作出貢獻，但必須樹立確定的結構核心。

的整體。就卦體結構言，必有主爻作為全卦之統率，否則就不可能形成真正統一有序的整體。就陰陽組合而言，常規當然是陰卑陽尊，但在上位者倘一味矜持，就會致令上下隔絕。為了求得上下尊卑剛柔間的溝通，為上為尊者必須主動去接近為卑在下者，這才會由兩相持而兩相向。如《彖辭下傳・節卦》所說「節以制度，不傷財，不害民」等。諸如此類的思想，如果去除掉其古老的占筮形式，它們對於現代化條件下的管理者，也仍是適用的。

易學與現代管理

易學中的管理思想，是從中國古代的政治社會的長期實踐中逐步總結提升出來的，並在以後的歷史進程中不斷得到新的闡釋和發揮，最終形成了一整套中國式的管理學體系。這個體系以人為管理的核心，追求人與人乃至人與自然的總體和諧。它不僅擁有一系列的決策管理的操作原則，而且提煉出了一套具有普遍意義的管理學基本原理，並發展出了一種體現著東方智慧的管理哲學。

易學管理思想作為中國傳統文化的一部分，經歷了幾千年歷史的反覆錘煉，凝聚著中華民族的智慧，我們應當珍惜這份寶貴遺產，發掘出其中屬於全人類的超越時代的普遍意義來，使之在現代社會生活中繼續指導人們的思想和行動。

古今中外任何一種管理理論，無論它的體系多麼龐大、方法多麼複雜，其背後都有某種最基本的價值觀念作為它最終的理論支點。通過這種基本價值觀念，我們可以準確地把握該理論體系的核心精神及其價值理想。

易學中的管理思想也有它的價值理想。研究其價值理想，對於我們建立當代管理學體系仍有啟迪的意義。

易學的價值理想是「保合太和」。太和是天地自然的和諧與人間社會的和諧的統一。天地自然的和諧是通過陰與陽的協調配合來實現的，而要達到人間社會的和諧就必須樹立仁與義的價值原則。《易傳》說：「立天之道曰陰與陽，立地之道曰柔與剛，立人之道曰仁與義。」當然，易學的太和理想並不是建立在空想的基礎之上的。它清醒地認識到，任何事物既存在和諧統一的一面，又存在對立鬥爭的一面，並且在現實生活中對立、衝突、矛盾、鬥爭的一面往往更令人觸目驚心，但這並不能證明衝突與鬥爭是絕對的不可調和的。

如宋代易學家張載（一〇二〇—一〇七七）所說：「有反斯有仇，仇必和而解。」現實的不和諧凸顯了追求和諧的正面理想的重要性。按此原則，管理之必要，恰恰就在於現實的不和諧必須改變；管理之可能，恰恰就在於現實的不和諧可以改變。這就是易學管理思想的立足點。

易學對太和理想的執著追求，在今天仍有著不容忽視的積極意義。就人與人的關係而言，《易傳》堅持儒家的仁與義的價值標準，透露出對人類整體命運的深切關懷。人不能離開社會而存在，因此，關懷人類的整體命運就必須探討理想社會的生活規律。仁與義就是一切合理社會中不可缺少的行動規範。仁是彼此關懷，義是各盡職責。仁構成了社會最本原的向心力或凝聚力，義構成了社會最本原的層次性和秩序性。

如果沒有凝聚力和秩序性，社會就根本不可能存在；而靠不仁的結合力和不義的秩序性支撐的社會，也絕不是理想的社會。過去如此，現在和將來仍然如此。因此，無論是管理一個國家、一個家庭或者一個企業，都應當以是否有利於人類的整體生存、是否有利於社會的和諧為最高標準，也就是說，必須堅持仁與義的價值準則。而那些置人類整體命運於不顧的人，那些靠犧牲他人來最大限度地謀取一己私利的人，不僅為易學的管理思想所不容，也與人類文明的發展進程相背離，最終將必然被社會所拋棄。

總之，仁義並重，才可能最大限度地發揮出管理組織系統的最大效能。就人與天的關係而言，易學堅持將人道之仁義與天道之陰陽統一起來，堅持將社會之和諧與自然之和諧統一起來。人的社會存在離不開自然的基礎，人與自然的關係決不能簡單地歸結為征服者與被征服者的關係，然而隨著人的主體意識的覺醒，人對自然的征服欲望變得越來越強烈。西方近代工業文明的興起，揭開了一場人對自然界的大規模掠奪的帷幕。於是資源日益枯竭，環境日益惡化，人類自身的生存也將隨之而面臨威脅。易學的明智之處在於，它在肯定人有參與裁成的能動性的同時，又把人和自然看成是血脈相連、休戚相關的整體。如張載所說：「民吾同胞，物吾與也。」那麼人的管理活動就不能以破壞自然的和諧為代價，而應當以追求自然與社會的全面和諧為目標。

《周易》的一個最大特點，就是注重實際操作，不空談價值理想。價值理想只有落實到操作層面才有意義。管理的過程不外乎由兩個環節構成，一是確定具體的管理目標，二是選擇並實施有效的管理方案。在易學看來，要把握好這兩個環節，就必須在堅持價值原則的前提下善於通變。通變不僅要求知變，而且強調應變。因此《周易》又被稱為「變經」。尤其可貴的是，易學在深入探討實際管理的運作機制時，高度重視利益因素在現實操作中的驅動作用，並積極嘗試將價值原則與利益原則統一起來。如《文言傳》所說：「利物足以合義。」人類行為的直接動機往往出自對其切身利益的追求。利，本身是中性的，它既可以成為貪婪殘暴的根源，也可以變成托起價值理想的槓杆。

後來的易學家繼承了《易傳》的傳統，主張義利雙修，強調人類的整體利益和長遠利益的絕對優先性，以防止無節制地追逐個人私利的現象，對人類價值理想的侵害。然而，如果忽視了個人、局部和短期利益的重要性，不對它們作出明確的定位和詳細的區分，就很難建立起管理系統中不同層級、不同部門乃至不同個人之間的利益平衡機制。

人與人之間的利益關係不明朗，往往會導致管理的低效和混亂。因此《易傳》一方面強調「立人之道曰仁與義」，突出價值原則的支配地位；另一方面又肯定「變動以利言，吉凶以情遷」的客觀現實，並試圖通過對人們具體行為的吉凶利害的冷靜分析，通過利益機制這一仲介，化衝突為和諧，變無序為有序，將人們引向「保合太和」的價值理想，安和而樂利。易學提出的這種價值原則指導下的利益機制，不僅為價值理想落實到實際操作層面找到了結合點，而且為中國傳統管理思想承接西方先進的管理經驗提供了方法論基礎。

西方的管理學，嚴格地說，是工業文明的產物，主要以企業為研究對象，因追求企業的效率和利潤便是它的基本出發點。隨著社會的不斷發展，管理經驗的不斷積累，西方管理學走過了一條曲折漫長的道路。最初它只注重單純追求經濟效益，只注重管理科學化和技術化的作用，後來逐步走向了現代管理學追求經濟效益與社會效益並舉、管理的科學化與人文化並重的方向。

如果說易學的管理思想從價值理想出發推向了價值原則與利益原則的結合，那麼西方管理思想從經濟效益出發，最終也達到了這種結合，正如《周易》所說：「天下同歸而殊途，一致而百慮。」

然而《周易》的管理思想畢竟還不是現代管理思想。勿須諱言，《周易》成書於遠離今天的古代社會，以後的詮釋也都出自農業文明時代，用今天的眼光來看，自有其歷史的局限性。如歷代易學研究的對象是國家、家庭等一般性的社會組織，沒有也不可能對工商企業管理的具體規律作出解釋，等等。

這一切都說明，如果要使易學的管理思想在今天繼續發揮其指導作用，還必須把它與現代管理理論相結合，使它走向現代化，從而建立適合中國國情和具有中國特色的當代管理科學體系。

這裡，日本和美國的經驗很值得我們借鑒。二次世界大戰以後，日本興起了一股模仿美國的熱潮。但後來，日本企業家發現，單純的模仿並不能使日本企業管理有真正的進步。於是他們開始注意在企業的組織、人事、雇傭、作風等管理軟體上保留日本自己的特色，並逐漸形成了日本式的企業文化。他們把美國企業文化中的價值觀歸結為以個人為本位的能力主義，這種能力主義顯然與日本的集團主義民族傳統相悖，因此他們認為，能力主義絕不可以推廣到日本的一切企業。名和太郎在《經濟與文化》中指出：「如果不顧日本經營的特點而過分強調增強能力主義，不僅可能孕育著與重視精神和人的生活這一『文化時代』的理想目標發生衝突的危險，而且還可能使組織活力面臨危機。」

同樣，當八〇年代美國企業界在學習日本企業管理時，也十分強調從美國自身的實際出發。美國主要是學習日本的企業文化，特別是其中的團體精神，但美國並沒有照搬日本式的家族主義的團體精神，而是重建了一種美國式的團體精神。美國的企業團體可以稱之為權力契約團體，其基本前提是：保障個人權力，滿足個人需要，提供個人自我實現的機會。

日本和美國的經驗為我們提供了一個有益的啟示：中國企業管理的現代化不應是美國化或日本化，應當是中國化。企業管理是一種文化現象，它是民族文化在企業行為中的表現。

易學是中華傳統文化的重要部分，其中含有我國古代豐富的管理思想，可以為現代企業管理提供豐富的養分，而且更主要的還在於，它所蘊藏的民族精神，完全可以為中國式的現代企業文化提供崇高的價值理想和價值觀念，可以給企業增添無窮的感召力、凝聚力和生命力。

當然，創造中國式的現代企業管理，不僅要努力建設中國式的企業文化，還必須大力發展現代化的管理方法和技術。企業固然是社會的肌體，要擔負起社會的責任，但它畢竟首先是經濟單位，只有獲得經濟效益才能在競爭中生存。因此，企業管理必須建立在深入研究市場經濟規律的基礎之上，必須對人的經濟行為、利益關係有明確透徹的洞悉，必須有科學的、嚴密的管理方法，調節各方面的經濟關係，以提高工作效率和效益。在這方面，西方現代管理是我們的最好的教師。即便如此，易學的管理思想仍將帶給我們諸多啟迪。

第一章　易學與管理原理

《周易》是古代經邦濟世的寶貴經典。歷代明君賢相，仁人志士無不認真鑽研，從中汲取治理國家、安定社會、發展經濟、鞏固國防的原理原則。歷代易學著作，多是思想家們結合易學原理，探討治國理財之道的思想成果。

易學思想源遠流長，不斷豐富發展，它對中國政治、經濟管理思想的影響，極為深遠，值得認真研究。歷史上許多卓越的政治家、軍事家、理財家，在管理政治、軍事、財政諸方面，成績斐然，留下寶貴經驗，其思想理論，大多同易學思想有淵源關係，不可忽視。

易學思想對政治、經濟、軍事管理思想的影響，大體說來，有兩個主要方面：一方面是提供了某些具體的原理原則，如民本思想、自強原則、憂患意識、謙和精神等；另一方面，是提供一種思維方法，可以運用它去觀察分析管理工作中的問題，啟發人們制定某些管理原則。兩個方面都十分重要，後一方面更加值得深入研究，因為這一方面過去往往被忽視。學思維方法同管理原則的關係，之所以長期被忽視，不是偶然的。那是由於研究易學的人，偏重研究其哲學思想，不重視聯繫政治、軍事、經濟的管理問題；而研究管理學的人，大都只重視現代管理方法，而不追溯到古代，古為今用，更不可能同易學思想相聯繫。

今天我們學習研究易學，不應只滿足於汲取其中的某些具體原理，更應注意研究、汲取易學思維方法。而且不只注意研究易學思維本身，更當注意研究它同管理思想和管理方法的關係。這是學習《周易》和易學的一項新的重要任務。這個問題已日益引起易學家和企業家們的重視。

易學思維與管理原則

今天我們在學習研究易學思維方法時，還應注意一個問題，就是將它同西方的某些思維方法加以比較，目的在於更好地了解和掌握易學思維方法的特點。不同民族的思維方法，儘管會遵循某些人類共同的思維規律，同時又必然會保持著本民族思維方法的某些特點。

大體說來，中華民族比較習慣的易學思維方法，同西方傳統思維方法相比較，有三個方面的差異，較為突出：易學思維重視事物發展的過程，西方傳統思維重視事物的內在結構；易學思維注重研究事物之間的相互關係，西方思維注重研究實體本身；易學思維注重把事物作為整體加以研究，西方思維注重對事物從多種角度加以分析。當然，這種區分並不是絕對的，僅就其主要傾向而言。應當說，兩種思維方法，各有優越性，可以互相取長補短。

過程論、關係論、整體論是中華民族易學思維的基本理論，顯示了易學思維的三大基本特徵。三大理論在企業管理中，都有重要意義。

易學思維要求人們在觀察分析問題時，密切注意從過程、關係、整體出發，去考慮對人、財、物的管理，以期取得最佳效益。易學思維的過程論、關係論、整體論，在中國傳統思維中占有突出地位，對於建立中國式的管理原則，亦有其重要的指導意義和明顯的優越性。

過程論

無論自然界和人類社會，任何事物的存在，都有其發生、發展的過程。水有源，樹有根。世界上沒有無源之水，無本之木。滔滔之水，合抱之木，都有其匯流、成長的過程。從天而降的隕石，好似沒有來頭，其實它在太空中已運行多年，有其隕落的過程。易學思維從來把事物的存在看作一種發展過程，而不是孤立靜止地看待它。這是易學思維的特點，也是它的優點，因為它符合事物的客觀實際。

《易傳》堅持過程論，認為八卦或六十四卦的形成是一個從單一到多樣化，不斷分化的過程。指出：

《易》有太極，是生兩儀，兩儀生四象，四象生八卦，八卦定吉凶，吉凶生大業。（《系辭上傳》第十一章）

漢易將此種講筮法的過程解釋為宇宙衍化的過程，認為宇宙起源於渾然一體的氣，稱為「太極」；太極劃分出「兩儀」，即是天地；兩儀交感而派生出「四象」，即少陽、老陽、少陰、老陰，也就是，春（少陽）、夏（老陽）、秋（少陰）、冬（老陰）。「四象」的運化，象徵四時的運行；於是產生天、地、雷、風、山、澤、水、火等八種自然物。這是對宇宙萬物從無到有，由簡到繁的發展過程的樸素認識。從過程著眼論述宇宙的演變，是十分可取的思維方法。

《易傳》對自然史和社會史發展過程的論述，很有意義。寫道：

> 有天地然後有萬物，有萬物然後有男女，有男女然後有夫婦，有夫婦然後有父子，有父子然後有君臣，有君臣然後有上下，有上下然後禮義有所錯。（《序卦傳・下經》）

這段話可分為兩個部分：前一部分，講天地、萬物、男女、夫婦的演變，屬於自然史的發展過程；後一部分，講夫婦、父子、君臣、上下禮義的演變，屬於社會史的發展過程。儘管這種論述相當粗疏，但基本上符合自然史與社會史的發展過程，反映了古代先哲對自然與社會演變過程的樸素認識，具有客觀真理性。

《易傳》中的這些樸素認識，在《易經》卦爻辭中，已經有萌芽狀態。

乾卦對龍的活動過程有過生動的描繪。初九，「潛龍勿用」；九二，「見龍在田」；九四，「或躍在淵」，九五，「飛龍在天」，上九，「亢龍有悔」，說明「亢龍有悔」不是偶然發生的，它有潛藏，初見，或躍與騰飛等發展過程。飛騰過高，超過極限，走向反面，出現「亢龍有悔」的悲劇結局。

漸卦描述鴻雁由水邊進到高山的飛行過程，同樣給人以有益的啟發。初六，「鴻漸（進）於干」（水涯）；六九，「鴻漸於磐」（石）；九三，「鴻漸於陸」（小山）；六九，「鴻漸於木」；九五，「鴻漸於陵」（丘陵）；上九，「鴻漸於陸」（阿，高山）。這裡以鴻雁的飛行為喻，揭示事物運動由低到高，由近到遠，有一個循序漸進過程。

總之，無論《易經》、《易傳》，關於事物運動、變化有其過程的認識，是相當明確的。這一易學思維方法，十分可貴，對企業管理顯然有指導意義。

拿工業企業來說，產品從生產到銷售，是一個複雜的過程。開發什麼樣的產品，先要經過廣泛的市場調查，掌握可靠的信息，確定產品的性能、規格；經過精心設計，確定工藝流程，進行生產；產品合格，然後打開銷售渠道，投放市場。在整個開發——生產——流通過程中，某一個環節處理不當，都會影響整個企業效益。

市場信息不靈通，難以開發適銷對路的產品；設計不先進，產品就缺乏競爭力；生產技術不過硬，產品難以贏得信譽；有了好的產品，銷售渠道不暢通，仍然不能占領廣大市場。

企業的領導者，應當隨時注意生產經營的全過程，不能顧此失彼。要一環扣一環，妥善組織，正確指揮，足踏實地，穩步前進。只有放眼市場需求的變化，又能通觀商品生產與流通的全過程，及時加以改進，才能適應市場經濟的需要，使企業不斷興旺發達。

工業企業家要使自己的產品通過激烈競爭，穩居上風，占領更廣大的市場，能在用戶中贏得更高的信譽，關鍵在於提高產品質量。保證產品具有高質量，不是一件簡單的事，本身是由複雜的生產過程所決定。它不只要具有先進的技術設備，選用新的材料，尤其要在生產過程中，抓好每一道工藝環節。產品的工藝製造是一個流水作業過程，有鑄、鍛、焊、熱處理、成型加工、運輸、待加工等不同的環節，某一環節出問題，都會影響產品的質量和產量。關注產品工藝製造的全過程，以保證產品的優質高產，在生產管理中，是時刻不可放鬆的。

任何事物的發展都有其特定的過程。事物的發展過程，一般可以劃分為若干環節。扣緊每一個環節，才能處理好全過程。好似一條鎖鏈，只有每個鏈環都很堅固，整個鏈條才是堅固的；如果某一個鏈環損壞，將會導致整個鏈環失效。

企業管理工作，也是如此，一環被動全鏈被動。因此，放眼全過程，必須抓住每一個環節。在生產的全過程中，出現某些薄弱環節又是難免的。只要突破了難點，加強了薄弱環節，整個生產鏈條就可以活起來，從而增強企業的活力。既注意事物發展的過程，又不放鬆每一個環節，這是生產管理的領導藝術。

✖關係論

易學思維十分注重考察事物內部和事物之間的相互關係。事物的存在與發展，都不是孤立的。事物內部的各個組成部分之間，此事物與其周圍相關事物之間，存在著錯綜複雜的關係。離開事物之間的相互關係，任何事物既不可能得到發展，也不可能被認識清楚。研究事物之間的內在聯繫及其相互制約關係，歷來受到易學家的重視。

八卦之間有四個對偶組，乾與坤（天、地）、震與巽（雷、風）、坎與離（水、火）、艮與兌（山、澤），從卦象上看，有陰陽對立關係，從其所代表的自然物看，存在對立的性質。八卦之間不是孤立存在的，十分明顯。

八卦經過不同的排列，按其所代表的時間、空間的不同，組成所謂先天八卦和後天八卦。這也是反映八卦之間的一種關係結構。

以先天八卦圖（《伏羲八卦方位圖》）為例，上乾下坤，代表上天下地，左離右坎，代表日東月西。這是人們設定的一種關係，在易學象數學中，已約定俗成。後天八卦圖（《文王八卦方位圖》）則不同，它設定上離下坎，代表南方火、北方水；左震右兌，代表東方木、西方金。震離兌坎，還代表春夏秋冬四時。所代表的時空關係同樣是人為設定的，但卻包含著易學思維的一個重要優點，就是堅持時間與空間相統一的觀念。

易學思維的作用，正是利用八卦的不同屬性，鍛鍊人們的思維能力。探討八卦之間的諸種關係，以便觸類旁通，引導人們遇事考察其多方面的關係，而不致孤立片面地看問題。

《易傳》還將六十四卦從乾坤屯蒙到既濟、未濟的次序視為一個因果關係的鏈條。如《序卦傳》說：「有天地然後萬物生焉。盈天地之間者唯萬物，故受之以屯；屯者，盈也。屯者，物之始生也。物生必蒙，故受之以蒙；蒙者，物之稚也。物稚不可不養也，故受之以需；需者飲食之道也……」每兩卦之間均是一種因果關係，前卦為因，後卦為果，形成一個六十四卦的因果序列。

無論研究事物之間的對應關係，還是事物發展中的前後因果關係，都是誘導人們鍛鍊理性思維，遇事要左顧右盼，瞻前顧後，將所有的因素、環節都照顧到，不可顧此失彼，陷於片面性。這種思維方法，運用到企業管理中，誘導管理人員既注意經濟活動的全過程，同時要關照企業活動的全方位。如果某一關係考慮不周，處理失當，勢必影響全局。

企業內部各部門之間，存在橫向協調關係。如物資部門、能源部門、生產部門、技術部門、服務部門、安全部門等，都是相互聯接，相互制約的，必須認真加以調協。不可說哪些部門重要，哪些部門不重要。一個部門的工作跟不上，不協調，必然會影響整個企業的運轉。

應當教育職工，既要立足本職工作，切實負起崗位責任；更要為相關部門著想，把困難留給自己，把方便讓給別人，盡量為相關部門提供優質服務，使彼此的關係融洽、協調，而不要互相扯皮，彼此掣肘。

企業管理中還要處理好一些因果關係。開發一種新產品，使之適銷對路，占領市場，贏得良好信譽，需要進行一系列工作。先後需要處理好各個環節的縱向聯結關係。信息的占有要充分、確實、可靠；預測要有科學性；決策要準確、果斷；計劃要周密、細緻、可行；實施計劃要嚴格；監督工作要認真、及時。某一環節不符合要求，都會為現代化的大生產造成難以彌補的損失。

精明的企業家，在經濟活動中，既要善於處理各種橫向關係，還要善於處理各種縱向關係，在自己的頭腦裡形成縱橫交錯的關係網絡。能夠提綱挈領，得心應手指揮這一關係網絡正常運轉，是領導藝術爐火純青的表現。

整體論

易學思維的另一重要特性，是注重整體觀。整體思維方法滲透在太極、八卦、六十四卦等各個方面。整體思維方法，對中國傳統文化的各個領域，特別對中國傳統醫學產生強烈影響。太極圖、河圖、洛書，都是中華易文化傳統中最古老的整體結構模型。八卦方位圖，同樣是關於時空統一的整體結構模型，難怪它們都具有永恆魅力。

特別值得注意的是，六十四卦，每一卦體，都是一個複雜關係結構的整體。六爻之間，存在多重對應、組合關係。這一整體結構是由以下一些關係組合而成的：

一、貞悔關係

一個別卦（六爻卦）包含著兩個經卦（三爻卦）。也就是說，任何別卦是由貞卦（內卦）和悔卦（外卦）組合而成的一個整體。別卦的卦象、卦名是由內卦（貞）和外卦（悔）的關係決定的。內卦與外卦任何一爻發生變化，會引起整個別卦卦象的變化，和卦名的改變。

二、三才關係

別卦六爻之中，包含天地人三才。初、二兩爻為地，三、四兩爻為人，五、上兩爻為天。每一卦體都體現著天、地、人三才統一的思想。別卦的卦體，應看作三才統一的整體。

三、比應關係

六爻之中，初、三、五為陽位，二、四、上為陰位。陽爻居陽位，陰爻居陰位，謂之得位或正位。陽爻居陰位，或陰爻居陽位，謂之位不正或失位。初與四比，二與五比，三與上比，若是一陰一陽，謂之相應，若是二陰或二陽，謂之無應，即不相應。相應則吉，無應則凶。若內卦之中爻是六二，外卦之中爻是九五，則陰陽既正位又相應，屬最佳機遇，謂之「中和」。

四、互體關係

別卦六爻除初爻與上爻外，中間四爻可以交錯組合而成兩個經卦，二、三、四爻組成一互體卦，謂之內互卦；三、四、五爻組成另一互體卦，謂之外互卦。兩個互體卦加上原來的貞悔二卦，顯示一個別卦包含四個經卦。如果二、三、四、五爻中任意更動一爻，則互體卦會相應發生變動。

總之，別卦六爻形成一個關係網絡，一爻有變則全卦變動。易學象數在認識論上的意義，正在其有利於人們鍛鍊理性思維能力，增強整體觀念，強化人們的辯證智慧。以之運用於管理工作，具有重要意義，足以克服見樹不見林的形而上學片面性。

企業管理必須牢固樹立整體觀念。在全部經營活動中，時時從整體著眼，促成企業各部門在整體協調中運轉。這樣才能將企業引導到健康發展的軌道。

現代化的企業，是一個多部門協調統一的有機整體，不可忽視它的每一個方面。不可只重技術而忽視政治思想工作，不可單純重視生產而忽視安全，不可只要求提高產品數量而忽視質量，不可只重視職工的生產而忽視改善其生產和生活條件等等。一個方面被忽視，勢必影響全局。

企業必須講效益，這是天經地義的，但也有重視整體效益和只顧本位效益的分別。優秀企業家，即不只首先考慮本單位的利益，還要考慮協作單位的利益、國家的利益，以至用戶的利益。要從大局出發，樹立兼顧國家、企業和員工三者統一的整體利益觀點。

就本企業利益而言，也要注意長遠利益和目前利益的結合，公司利益與職工利益的結合；不但要考慮設備折舊，還要關照公共福利設施諸方面。要把多方面的利益綜合起來，通盤考慮，權衡輕重得失，制定符合整體利益的管理、分配方案。缺乏整體觀念，見樹不見林，見物不見人，見近不見遠，一葉障目不見泰山，主觀片面地處理問題，不可能成為優秀企業家。

掌握易學思維方法，樹立過程觀念、關係觀念、整體觀念，對於執行現代企業管理原則，建立管理哲學有十分重要的意義。

變易觀：動態思維

《周易》一書是講運動變化的書。西漢史學家司馬遷（約前一四五－？）說：「《易》長於變。」「易」字的基本含義就是變化。易學的主要內容在探討自然、社會和人們的思想如何運動、變化和發展。故變易觀可謂易學的根本觀點。

剛柔相易，變動不居

《易傳》對這一思想的論述十分明確：

> 《易》之為書也，不可遠，為道也屢遷。變動不居，周流六虛；上下無常，剛柔相易。不可為典要，唯變所適。（《系辭下傳》第八章）

這是說《周易》這部書所闡述的原理，人們時刻都不可背離，它所論述的一陰一陽之「道」，總在不斷變化，六爻的位置，經常變動而不居止，往來上下沒有定準，陽剛陰柔常在變化，人們不應死守原則常住不變，而應使自己的思想隨時適應陰陽剛柔的變化。

這裡從卦爻象的變動不居，引申到一切事物也變化無常，進一步指出，人們的思想也不應刻板不變，而應依從客觀事物的變化，隨時與之相適應。

《易傳》論述事物的變化，表現為兩種形式：一是「變」；一是「通」。「變」是指事物從無到有，從有到無的重大變化，即通常所說的質的變化。如兩種化學元素，經過化合而產生新的化合物，對元素說來，是從有到無，對化合物來說，是從無到有。

「通」是指同一事物，不斷變化發展，如嬰兒成長為兒童，再成長為青壯年，再後是老年人。這是事物普遍的變化成長過程。《易傳》寫道：

化而裁之謂之變，推而行之謂之通。（《系辭上傳》第十二章）

化而裁之存乎變，推而行之存乎通。（《系辭上傳》第十二章）

這是說任何事物都處在變通之中，不是處於量的積累過程，就是處於劇烈變化的新舊代替過程，沒有什麼事物是永恆不變的。宇宙之間，不變的事物是沒有的。人們對於經常變化的事物，要有所認識，注意掌握其規律性。要將事物不斷變化的觀點，用來指導我們的認識，指導我們的行動。

《易傳》進一步指出：既然任何事物都經過盈虛消長的過程，在不斷發展變化，因此，總是有些東西過時了，會退出歷史舞臺；有些東西會興盛起來，跟上時代的需要。人們的行動要適合事物的變化，才有光明前途。《易傳》說：

> 時止則止，時行則行，動靜不失其時，其道光明。（《彖辭下傳‧艮卦》）

> 君子尚消息盈虛，天行也。（《彖辭上傳‧剝卦》）

這裡強調的是一種動態思維原則。凡是當廢止的東西，堅決廢止；當推行的東西，及時推行。或止或行，要不失時機。「止」，意味著舊過程的結束，「行」，意味著新過程的開始，事物的發展，總是處在不止不行，一動一靜的發展過程中。舊的止，新的行，說明事物的運動變化永遠不會有終結，所以說其道光明。聖人君子崇尚消長變易，是符合自然界的變化規律的。

剛柔相易，變動不居，「動靜不失其時」的觀點，用以指導企業管理，有重要的現實意義。現代企業管理，強調動態管理原則。經濟學家為「管理」一詞所下的定義，就強調其為一動態過程：指出：「所謂管理，就是在一定的社會制度等外部環境中，一個組織為了實現其目標，由管理者對組織內部的資源進行計劃、組織、領導、控制，促進其相互配合，以取得最大效益的動態過程。」

當前我國的經濟管理工作，強調轉換經營機制，無論是經營方式的改革，用工制度的改革，分配制度的改革，都要引進競爭機制，把企業活潑化，使之走上興盛繁榮的光明大道。

在經營方式上，要強調靈活性。過去是「以產定銷」，一個工廠數十年老是生產一個或幾個固定產品，不管這一產品的銷售情況如何。現在要求在經營上作重大轉換，行使企業經營自主權，以市場需求決定企業經營的產品。經過廣泛調查，看準行情，哪些產品適銷對路，需求量大，就計劃組織投產；原有的產品，如果市場銷售情況不好，無利可圖，就及時轉產，停止生產或減少產量。以經濟效益為衡量企業經營好壞的尺度，打破了「以產定銷」的舊體制。

在用工制度上，強調競爭性。打破過去那種幹部與工人的固定界限，實行公平競爭，民主選舉，工人可以提升當廠長，廠長可以退下作普通幹部或工人，打破數十年不變的廠長的「鐵交椅」。能者治廠，不論資排輩，唯一的標準是看其能否科學地組織生產，調動廣大職工的積極性，為企業創造更好的效益。

在分配制度上，強調激勵性。打破過去那種幹好幹壞一個樣，吃「大鍋飯」，拿鐵工資的制度。堅持按勞付酬，拉開工資檔次，將生產效果同個人收益掛鈎，允許工資浮動，多勞多得，激勵職工為企業多作貢獻。

一個企業要想在市場競爭中獨領風騷，使自己的產品占領更廣大的市場，時刻要考慮如何提高原有的產品的層次；增加新的花色品種，創造價廉物美、經久耐用的新產品。要盯緊市場，盯著競爭對手，先下手為強。正如俗話所說的，要「口中吃著（舊產品），手中拿著（預備投產的產品），心中想著（未來開發的產品），眼睛盯著（競爭對手的產品）」。缺乏長遠目光，喪失競爭意識，抱著老產品，吃老本，沒有不失敗的。從思想方法上看，他們吃虧在於，沒有在動態思維指導下的動態管理，違背了易學所倡導的「時止則止，時行則行，動靜不失其時」的原則。市場經濟的發展是一個「變動不居」的動態過程，企業家們的思想認識和管理方法卻違背「唯變所適」的原理，不遭失敗那才是怪事。

物極必反

任何事物的運動、變化、發展，不但有其規律性，而且它的發展總有一個極限。事物變化、發展到一定程度，超過它的極限，必然要走向自己的反面，這叫做「物極必反」。《易傳》對「物極必反」的原理，有過深刻論述：

《易》窮則變，變則通，通則久。（《系辭下傳》）第二章）

是說事物發展到極點（窮），就必須變化，變化才能通達，通達就能長久地發展下去。不知變通之理，刻板老套，死守舊章法，一定沒有好前途。《易傳》對泰與否、益與損、剝與復等對偶卦組的分析，反覆申述了「物極必反」的原則。六十四卦的卦序是按照這一原則安排的。

泰者，通也。物不可以終通，故受之以否。物不可以終否，故受之以同人……剝者，剝也。物不可以終盡剝。窮上反下，故受之以復……損而不已必益，故受之以益。益而不已必決，故受之以夬，夬者，決也。（《序卦傳》）

「物不可以終通」，「物不可以終否」，「損而不已必益」，「益而不已必決」，「窮上反下」，這些觀點表述同一個基本思想，就是「物極則反，窮則必變」。自然界事物的發展如此，社會的發展同樣如此。「物極必反」是一個普遍原則，人們的思想方法必須遵守這一法則。

《易傳》堅持以「物極必反」的原則，闡述「乾・上九」「亢龍有悔」的義理。指出：

「亢」之為言也，知進而不知退，知存而不知亡，知得而不知喪。

（《文言傳》）

在日常生活中，進與退，存與亡，得與喪，都是會發生轉化的。進而不已，必生敗退；存而不自警，必遭覆亡；貪得無厭，必然厚喪，這都是忽視「物極必反」原則，喪失憂患意識，引起的災禍。在歷史上，這類「窮之災」是屢見不鮮的。

物極必反的「窮之災」，並非突然發生。事物的發展，總有一個較長的醞釀過程，逐步積累，終會達到極至。人們應當及早察覺，未雨綢繆，加以防範。《易傳》告誡人們說：

積善之家，必有餘慶；積不善之家，必有餘殃。臣弒其君，子弒其父，非一朝一夕之故，其所由來者漸矣，由辯之不早辯也。（《文言傳》）

這說明儘管「窮之災」是最後集中爆發的，它卻有其醞釀發作過程。俗話說：「冰凍三尺，非一日之寒。」關鍵在於人們是否有所警惕，能防患於未然。「物極必反」的原則，對於企業管理工作，有很大現實意義，不可等閒視之。一種時新的工業產品打開了銷路，占領了市場，帶來極大經濟效益，這是好事。如果喪失警惕性，盲目擴大生產，到了一定時候，競爭對手多了，市場需求飽和，必然出現產品積壓、滯銷，終將造成企業虧損。

一個先進的企業，少不了有幾種王牌產品，由於有較高的信譽，往往供不應求。如果陶醉於已有局面，只顧產量，忽視質量，久而久之，產品質量下降，造成產品積壓，喪失信譽，乃至一落千丈。

有的企業，為什麼會走到破產呢？當然情況各有不同。或者長期不注意改進生產技術，產品質量低劣；或者因長期完不成生產計劃，造成企業虧損；或者不注意改進企業管理，引進新人才，開發新產品，導致資不抵貨。其共同的毛病，都出在平時不注意了解出現的新矛盾，並及時加以克服，以致日積月累，問題越來越嚴重，最後發展到不可收拾，造成「窮之災」。

不只一個企業、一種產品會發生「窮之災」，一個先進企業家，也可能面臨這種局面。在興辦企業打開局面取得重大成就之後，有的人驕傲自滿，目空一切，把功勞歸於自己，老子天下第一，個人說了算，任人唯親，順之者昌，逆之者亡，乃致草菅人命，目無法紀，貪污受賄，享樂腐化，終至墮落成為罪犯。「物極必反」的原則，在某些個人身上出現，不是沒有先例的。

日新之謂盛德，生生之謂易

「物極必反」的原則，除了表現為上面所講的「窮之災」的情況外，還有另一種情況，那就是壞的事物，落後的事物，在一定條件下，向好的方向轉化的情況。《易傳》稱這種轉化為「傾否，先否後喜」。（「否．上九」）或者稱為「否極泰來」。「否」是指事物發展中遭到阻塞，不通泰，不順利，受厄難；對人來說，是最倒霉的時候。「傾否」，是停止否運，改變厄難、阻塞的局面，走出困境，那就會出現「先否後喜」、「否極泰來」的新局面。所謂：「山窮水盡疑無路，柳岸花明又一村」，正是指這種情況。

當然，「傾否」，「否極泰來」不是自然形成的，必須經過人的艱苦努力，創造矛盾轉化的客觀條件，促成事物向有利的方向發展。舊事物向新事物過度。不經過艱苦努力，「先否後喜」的局面是不會自動到來的。

破除舊事物，促成新事物生長發展，《易傳》稱為「日新」、「生生」法則。任何事物的發展，總是一個新陳代謝的過程，陳舊的東西，過時的東西，日益喪失生機，趨於消失；新鮮的東西，活潑的因素，具有生命力的東西，日益得到滋長，趨於發展壯大。這是宇宙萬物生長發育的普遍法則。《易傳》寫道：

富有之謂大業，日新之謂盛德，生生之謂易。（《系辭上傳》第五章）

「富有」，謂事物由小到大，由少到多，繁榮滋長；「日新」，謂事物不斷變易，一天不同一天，每天都有新面貌；「生生」謂事物生而又生，不斷有所創造，今日對昨日來說是新生面，明日對今日來說又是一新生面，總在不斷更新，永不停滯。《易傳》的「日新」、「生生」觀點，充滿樸素辯證法思想，反映了客觀事物不斷發展的規律。它同「剛柔相推而生變化」的觀點結合起來，就是比較全面的發展觀。剛柔相推，反映事物變化的內在動因，日新、生生反映事物的前進變化。

明清之際的思想家王夫之（一六一九—一六九二），主張「推故而別致其新」，明確講到破除舊事物（「故」），別生一個新事物。在兩千多年前，《易傳》觀察自然和社會的變化，強調「日新」、「生生」，已是相當進步的思想，反對固守舊物，不知變通，力圖為新的因素開闢道路，是難能可貴的。

《易傳》用日新、生生的觀點觀察社會問題，提出「革命」的原則。這在易學發展史上，具有重要意義。《易傳》寫道：

> 革，水火相息。……革而當，其悔乃亡。天地革而四時成，湯、武

革命，順乎天而應乎人。革之時，大矣哉。（《彖辭下傳．革卦》）

革卦的卦象是上坎（水）下離（火），水在上，火在下，正是水火不相容的狀況。水小而火大，則火消滅水；水大而火小，則水消滅火，二者不可同時存在。正如天地運行，四時陰陽消息的狀況，或陽長陰消，或陰長陽消，才形成春夏秋冬四時交替的節律。

人類社會的發展也是如此，夏桀無道，湯伐夏，則夏滅而商興；商紂無道，武王伐紂，則商滅而周興。這也是順乎自然而符合人意的。

《易傳》的「革命」觀念，與我們今天的革命概念有所不同，它不是指根本制度的變革，而是指王朝「天命」的更換。《易傳》提出王朝的更換要遵循「順乎天而應乎人」的原則，這一點有普遍意義。就是強調新舊的交替，王朝的更換，必須符合兩條準則，一是順從客觀規律（「順乎天」），一是適應人群意願（「應乎人」）。

《易傳》堅持的「革命」觀點，內容相當可取。它看到事物在消長變化過程中，存在「水火相息」式的劇烈鬥爭和互相排斥的一面。這就把「日新」、「生生」的思想，推進到一個更加深刻的層次。

「日新」、「生生」的變易觀，具有普遍意義，應用於企業管理，其指導意義十分明確。在企業發展過程中，無論產品、技術還是管理手段，無不處在「日新」、「生生」之中，在思想認識上，必須十分明確，牢牢記取。

就一個工業企業的產品而言，也必須以「日新」的觀念加以對待。社會需求觀念在日益更新，社會購買力在日益提高，人們總是希求得到更加時新、高檔的消費品，市場需求在不斷變化，今日時新的產品，明天就可能不時新了，有更加新穎、高檔的產品出來競爭。所以產品的花色、品種要「日新」，產品檔次也要「日新」，才能在競爭中立於不敗之地。

要想產品「日新」，必須有新的技術為保證。技術也是在日新又新之中。如果老是在原地踏步不前。別人引進了新技術，創造出新產品，質量檔次提高了，自己還不了解信息，缺乏技術更新的緊迫感，要想在市場競爭中立於不敗之地，那是不可能的。

企業技術進步是一個複雜問題。它反映在下面四個方面：①技術代替人的體能和智力勞動的程度，它促進勞動生產率的提高；②科學原理在生產中的運用水平，反映經驗性技術向科學性技術發展的程度；③企業人員的結構、素質和技術裝備協調一致的程度，反映企業技術發展的潛力；④技術所引起的企業生產組織與生產關係變革的程度。這些方面都是處在日新月異的變化之中，管理人員必須時刻了解本行業技術進步的信息，結合本企業實際條件，認真加以研究，制定新的切實可行、行之有效的措施，及時加以改進。缺乏「日新」、「生生」的變易觀點，是肯定會吃虧的。

再說，現代企業的管理手段，也處於日新月異的激烈變易之中。現代管理，由於有了以電腦為中心的信息管理技術，這一革命性的進展推動管理手段向廣度和深度發展。信息處理技術已將各部門的信息處理連成網絡，並具有預測和控制功能。不只可以處理一些帶規範性的例行信息，甚至可以通過電腦提供的數據及應用模型，支持輔助決策者運用人機交互形式進行決策，出現了智能決策支持系統。就是現代企業的辦公自動化系統，也在不斷發展中，人們不止可以利用電腦處理日常公文，還可以利用決策支持系統，實行群體決策。這都說明一個企業的管理手段若不日新又新，必將處於十分落後被動的境地。

企業管理如逆水行舟，不進則退。易學的「日新」、「生生」的變革觀點，可以幫助現代企業家保持清醒頭腦，應付當前市場經濟競爭所帶來的劇烈變化形勢，從而雄踞企業管理的先進行列。

剛柔相推而生變化

易學認為，萬物化生的最終根源，變化日新的內在根據，在於一陰一陽的相互作用。易學在總結人類認識的基礎上，明確指出：陰陽雙方的相互作用，存在兩種形式，或表現為兩種狀態：第一，相推相蕩的作用，表現為陰陽雙方互相排斥，互不相容的狀態；第二，相交相感的作用，表現為陰陽雙方互相親和，彼此融通的狀態。

首先分析第一種作用。《易傳》把事物之中陰陽對立雙方的基本屬性，規定為一剛一柔。剛柔兩種勢力的第一種作用，就是「剛柔相推」。一切事物之所以發生變化，並非由什麼外在的力量所主宰，而是由內在的剛柔兩種勢力「相推」的結果。它寫道：

> 八卦成列，象在其中矣。因而重之，爻在其中矣。剛柔相推，變在其中矣。（《系辭下傳》第一章）

聖人設卦觀象，系辭焉而明吉凶。剛柔相推，而生變化。……變化者，進退之象也，剛柔者，晝夜之象也。（《系辭上傳》第二章）

這兩段話，表面看來，是從卦象上講陰陽剛柔的作用。實際上是聯繫自然界和社會上一切事物的變化，指出一切變化的根源，在於陰陽相推。「相推」即相互推移，陽推開陰，占據陰的位置，或陰推開陽，占據陽的位置。事物在變化中，陰陽兩種勢力同時存在，不是此方推出彼方，就是彼方召來此方，二者是處於相互排斥和相互召感的狀態，事物的變化就是由這種相推、相蕩的作用引起的。如果剛柔雙方，各安其位，兩不相干，那不就是像一潭死水，沒有變化了嗎？剛柔相推，不是壞事，是事物充滿生機的一種表現。

自然界和社會上的任何事物，只有時時處於剛柔相推之中，才會生氣勃勃，不斷進化發展。正如《易傳》所說的：

動靜有常，剛柔斷矣。……在天成象，在地成形，變化見矣。是故剛柔相摩，八卦相蕩。鼓之以雷霆，潤之以風雨，日月運行，一寒一

暑。（《系辭上傳》第一章）

「相摩」，即剛柔雙方互相切摩，彼此相互作用；「相蕩」，即剛柔雙方互相推蕩，剛盛則蕩除柔，柔盛則蕩除剛。就卦象來說，乾三陽，蕩去初爻之陽而變為陰，即成巽而為風；坤三陰，蕩去初爻之陰而變為陽，即成震而為雷。雷與風也是相互激蕩的。日往則月來，月往則日來，寒長則暑消，暑長則寒消，一來一往相互推移，一長一消相互推蕩，是天時季節變化的法則。剛柔相推而生變化，不只自然界如此，人類社會生活莫不皆然。

王朝的或興或衰，國家的時治時亂，人事的或榮或辱，無非剛柔兩種勢力相推而顯現的結果。沒有陰陽對立面的相互推移，就不會發生變易。剛柔相推是事物變化的根本原因。不了解這一基本法則，就不可能正確認識客觀事物，人們的思想就會陷於被動。

在企業管理工作中，正確利用「剛柔相推而生變化」的原理，去處理企業中存在的種種對立現象，就可把企業推向前進。反之，不去正確認識，巧妙利用，必然會在工作中造成被動或失誤。

拿工業生產過程來說，生產部門同質量檢查監督部門，本是相反相成的，但從來就存在相當大的對立情緒。檢查部門執行制度，對質量嚴格把關，不讓廢品、次品出廠，鐵面無私，這是對的。生產部門，有時則認為他們是故意刁難，吹毛求疵，表示反感。從局部利益看，挑剔廢次品，降低成品率，會影響生產任務的完成，對生產車間暫時不利。然而從整體利益看，正是由於有監督部門的推動，保證了產品的信譽。個別廢次品的及時發現，免得出現成批廢次品，造成無可挽回的大損失，這正好推動了企業進步。

一方面有偏差，另一方面就起來加以補救，保持企業生產的平衡發展，剛柔相推發揮著保持事物平衡發展的調節作用。

陰陽觀：相反相成

易學思想體系以陰陽範疇為核心。認為一切事物無不分陰分陽，都是陰陽結合的產物，陰陽的消長決定事物的根本性質。

一陰一陽

《易傳》指出：乾為陽剛，坤為陰柔，天地萬物無不由陰陽配合而成。

乾坤，其《易》之門邪？乾，陽物也；坤，陰物也。陰陽合德，而剛柔有體，以體天地之撰，以通神明之德。（《系辭下傳》第六章）

這是說乾為剛，坤為柔，陽剛陰柔，有息有消，體現天地的變化，反映日（陽）月（陰）的品德（神明之德）。乾坤兩卦的性質，概括天地、日月的基本特性，是構成宇宙萬物的基礎。

《易傳》近取諸身，遠取諸物，以明哲理，常用男女象徵陰陽的屬性特徵。乾為陽為男，坤為陰為女。乾坤結合而生萬物，猶如男女結合而生子女。所以《易傳》說：

乾道成男，坤道成女。乾知太始，坤作成物。（《系辭上傳》第一

章）

乾主持著事物的開始，坤主宰著事物的完成。乾陽乃主動，坤陰乃順從，一陰一陽，一主一從，乃事物生成變化的根源，離開陰陽就沒有《周易》的變易法則。所以《易傳》指出：

一陰一陽之謂道，繼之者善也，成之者性也。仁者見之謂之仁，知者見之謂之知，百姓日用而不知，故君子之道鮮矣。（《系辭上傳》第五章）

「一陰一陽」，是說又陰又陽，也就是有陰就有陽，有陽即有陰；陰可變為陽，陽可變為陰。這是宇宙的普遍法則。凡是繼承這一法則的就是完善的，具備一陰一陽，就能完成其本性。可是一般人不認識事物中一陰一陽兩方面，見仁不見智，或見智不見仁，陷入片面性，百姓在日常生活中常常應用它，也不懂得這一普遍法則。

從「一陰一陽之謂道」的原理出發，易學認為自然或人類社會生活中，無不充滿一陰一陽兩個對立面。如天與地、日與月、水與火、寒與暑、晝與夜、虛與實、剛與柔、貴與賤、上與下、君與民，都是一陰一陽的表現。陰與陽有其固有的對立特性，那就是：陽主剛，主健，主向上，主充實，主開放，主活躍；陰主柔，主順，主向下，主空虛，主閉塞，主沉靜。

《周易》用陰與陽這一對範疇，標示事物的不同特性，它並不代表具體事物。事物之間的關係，無論如何複雜，均可以陰陽範疇加以區分，五光十色，千變萬化，總離不開陰陽兩種對立因素的作用。

《黃帝內經》說得好：「陰陽者，數之可十，推之可百；數之可千，推之可萬；萬之大不可勝數，然其要一也。」（《素問・陰陽離合論》）

易學中的陰陽論，在中國古代文化中得到廣泛應用。天文學中的日有盈虛，寒暑迭變：兵法中的攻與守，奇與正；醫學中的表理、寒熱、虛實；樂律學中的律呂損益；政治學中的威德並施，寬猛相濟等等，都體現為一陰一陽。

「一陰一陽之謂道」，這個命題是對先秦以來古代樸素辯證法思想的發展產生了極為深刻的影響。它體現了中國乃至東方哲學思想的特點，既是一種宇宙觀，同時又是一種思維方法。

運用「一陰一陽」這一普遍法則進行企業管理，可以使人們的頭腦格外清醒，不致陷入形而上學的錯誤。企業管理中，陰陽對待的現象，無時不在，無處不在。只有妥善處理了陰陽協調配合的關係，才能使企業順利發展。

陰陽相感

易學認為一陰一陽的對立雙方，不僅相互推蕩，而且相互感通，相互吸引。這兩種特性本身也是相互對待相互統一的。易學在分析事物的陰陽關係時，更加看重陰陽雙方相互聯結、貫通、滲透、合作的特性。這一點正好形成易學思維的重要特徵。易學的陰陽觀，基本宗旨是強調陰陽協調，乃萬物正常發展的必要前提。

《周易》八卦分為四個對偶組。《易傳》認為每一個對偶組，都反映了陰陽相感、陰陽平衡的原則。

> 天地定位，山澤通氣，雷風相薄，水火不相射，八卦相錯。（《說卦傳》）

故水火相逮，雷風不相悖，山澤通氣。然後能變化，既成萬物也。（《說卦傳》）

在一般人看來，山與澤是對立的，水與火是不相容的，雷與風是相互激蕩的，不容易看到它們二者之間的融結、貫通。《易傳》則認為不然，它強調的是「山澤通氣」，「水火不相射」、「雷風不相悖」，即二者之間的互相感通。認為這種陰陽相感的作用，才是促進萬物生成變化的必要條件。

《易傳》對陰陽相感的重要原理，在不同地方，反覆加以論述。指出認識這一原理對於觀察自然和社會問題都極端重要。《彖辭傳》強調說：

柔上而剛下，二氣感應以相與。……天地感而萬物化生，聖人感人心而天下和平。（《咸》）

同人。柔得位得中，而應乎乾，曰同人。……文明以建，中正而應，君子正也。唯君子為能通天下之志。（《同人》）

小往大來。吉，亨。則是天地交，而萬物通也；上下交，而其志同

也。（《泰》）

大往小來。則是天地不交，而萬物不通也；上下不交，而天下無邦也。（《否》）

歸妹，天地之大義也。天地不交，而萬物不興。（《歸妹》）

《彖辭傳》還在大有、小畜、賁、恆等卦，再三強調陰陽相感原理，闡明其重要意義。告誡人們不要害怕事物中的對立因素，陰陽對立，並不可怕，由於有了對立面的相感相通，萬物的生存、發展才能實現。反之，天地不交則萬物不興，上下不交則天下無邦。《彖辭下傳・睽卦》對這一原理論述最為明白：

天地睽而其事同也，男婦睽而其志通也，萬物睽而其事類也。睽之時用大矣哉。

這就是說，儘管天與地相睽離，天地之氣相交接卻生長萬物；男與女性別乖異，二者結合交感，卻生育子女；萬物性狀乖異，卻交互作用而構成和諧的生態環境。乖背的事物而逢其時運，其相感相通的作用是十分巨大的。

用陰陽相感的觀點觀察分析事物，就不致知其一不知其二，只見對立不見統一，只見事物的乖異而不見其感通。如此才能克服形而上學片面性，豐富辯證思維的頭腦。

在企業管理中，堅持貫徹陰陽相感的思維方法，十分重要。管理企業，隨時會遇到各種矛盾，有生產部門與政工部門的矛盾，有勞動產品分配中的矛盾等等。不善於處理矛盾的人，只會看到它們之間的對立，看不見它們的統一性；善於處理的人，多能利用它們之間的統一性、一致性，發揮其相反相成，相互促進的作用。

企業內部，領導與群眾的矛盾是經常存在的。由於領導與職工所處地位不同，看問題的角度不同，切身利益也有所不同，往往產生對立情緒。領導埋怨群眾生產不積極，只重視個人利益，不重視集體利益；職工埋怨領導作風的官僚主義，工作不深入，不傾聽群眾意見，只顧企業發展，忽視職工物質文化生活。特別不滿於領導者講闊氣，擺排場，鋪張浪費。批評他們「一支煙，二兩油；一頓飯，一頭牛；屁股一坐，一棟樓。」即抽一支香煙，夠買二兩油；陪客吃餐飯，夠買一頭牛；買體面包車，可修一棟樓。如果老是這樣相互埋怨，生產保證上不去，只會離心離德。

反之，領導深入群眾，傾聽群眾呼聲，開展合理化建議運動，關心群眾生活，及時改正工作中的缺點，糾正錯誤，一定會取得群眾諒解，把群眾的意見視為檢查改進工作的一面鏡子，看作推動工作前進的動力，這就是「唯君子為能通天下之志」，「上下交而其志同」，「感人心而天下和平」。

領導關心群眾，群眾體諒領導，有何問題不能解決？企業何愁不能發展呢？須知群眾意見雖多，共同目標只有一個，都是為了把企業經營好，使之成為榮辱與共的利益共同體，決不是想把企業搞垮，同歸於盡。

這是上下相通的基礎，企業的一切思想工作，正應把促成上下相通作為工作的基點，增強企業職工的凝聚力，充分調動其生產積極性，時刻牢記一條真理，「天地不交，而萬物不興」，「上下不交，而天下無邦」，應當引以為戒。

陰陽合一

易學要求人們在分析問題的時候，堅持「一陰一陽」的法則。既要看到事物內部兩種勢力的相推、相蕩，又要看到雙方的相感、相通。最後還當了解陰陽相推、相感的結果，必然是陰陽合和，「保合太和，乃利貞」。應當認識，無論陰陽雙方如何相推、相感，畢竟是共處於一個整體之中，陰陽只是事物中存在的對立因素、勢力、性能，而不是兩種絕對對立的實體。

陰陽雙方從來互為存在的前提，沒有陰就沒有陽，沒有陽就沒有陰。有陰必有陽，有陽必有陰，陰中有陽，陽中有陰。《周易》的基本原理是：乾坤並健，陰陽合德。《易傳》寫道：

> 大哉乾元，萬物資始，乃統天。（《彖辭上傳・乾卦》）
>
> 至哉坤元，萬物資生，乃順承天。（《彖辭上傳・坤卦》）

乾元、坤元同時並存，二者緊密結合，萬物賴以生存。乾坤雙方的根本區別，在於一居主導（統天）地位，一居從屬（順承天）地位。《易傳》明確地指出：乾坤雙方具有「陰陽合德」的特性。

子曰：乾坤，其《易》之門邪？乾，陽物也；坤，陰物也。陰陽合德，而剛柔有體，以體天地之撰（數），以通神明之德。（《系辭下傳》第六章）

這是說《周易》所講的一切變易，都是從乾坤二卦派生出來的。乾坤無非一陰一陽，陰陽二性相互配合，一剛一柔是其形體，運用這一觀點，才能體察天地造物的奧妙，通曉萬物神妙的特性。無非強調陰陽雙方，不可一刻分離，也從來不能分離，它們是合一的。

關於陰陽合一思想，易學家張載和王夫之論述得最為透徹。張載寫道：

有象斯有對，對必反其為。有反斯有仇，仇必和而解。（《正蒙・太和》）

有了物象，必是一陰一陽相對待。對待則必然相互反其所為。既相反對，必致互為仇敵而相排斥。儘管相互排斥，最後必然導致和解而融合為一。這是主張陰陽相反相仇的結果，不是一方吃掉另一方，而是相互和諧統一。有陰陽雙方的和諧統一，方有氣化過程的神妙莫測，變化無窮，所以說，「合一不測為神」。張載這個「和」字用得好。

中國哲學早就強調「和」，主張「和實生物，同則不繼」（《左傳》）。春秋時齊國正剝晏嬰論和同，指出和與同不一樣，「同」，是氣味相投者聚合在一起，沒有新的成就；「和」是氣味不相同的東西調和在一起，產生新東西。喻如一道好菜，必是不同的調味品調和而成；一首和諧樂曲，必是高低清濁不同的音調組成。「和」體現了多樣性的統一。

王夫之繼承並發展了張載關於陰陽合一的思想，明確提出「太和絪縕之氣」，用來解釋太極本體。陰陽二氣合一之實體，即謂之太極；分而言之則謂之陰陽；陰陽二氣既有差別，不可強同，而又不相悖害，則謂之太和。此陰陽合一之實體，其特徵是「絪緼相得，合同而化」（《周易內傳・系辭上》）。

即陰陽相互吸引，相資相濟，融為一體，故稱其為「太和」。有此合一之本性，陰陽二氣方能發揮其動靜、聚散、虛實、清濁等性情功效。因此，王夫之更多地使用了「太和」這一範疇，強調陰陽相因相通，相互包涵，和諧為一而不可割裂。認為「天地固有之陰陽，其質或剛或柔，其德或健或順，其體或清或濁，或輕或重，為男為女，為君子為小人，為文為武」，雖有差異，但終不能如劈薪兩斷那樣，「判然不可使陽之為陽，陰之為陰」（《周易內傳發例》）。

陰陽如呼吸，剛柔如燥濕。呼之必有吸，吸之必有呼，相互依存方有氣息，「相因而非相反也」。以燥合燥，裂而不得剛，以濕合濕，流而不得柔，二者相互調節配合方燥而不裂，濕而不流，「相承而無不可通也」（《周易外傳・說卦》）。此即其所說的：「天地以和順為命，萬物以和順為性」（《周易外傳・說卦》）；相反者「互以相成，無終相敵之理」（《張子正蒙注・太和》）。

堅持陰陽合一的原則，《易傳》強調「保合太和，乃利貞」（《彖辭上傳・乾卦》）。即保持陰陽雙方的結合，達到高度和諧，萬物乃可順利堅固。「保合太和」成為易學所追求的最高價值理想。促使陰陽雙方達到最佳的和諧狀態是東方思維的致思準則和基本特徵。廣袤的中國版圖能夠維持統一而不分裂，中華民族包括數十個少數民族，能夠緊密團結而不分離，這都同歷代政治家、思想家一貫堅持「保合太和」的思想原則分不開。

把「保合太和」思想原則運用於企業管理，可以指導企業文化的建設，取得意想不到的成效。東方企業文化模式的基本特徵，就是在企業內部形成信任人、尊重人、關心人的人文精神，把「以人為本」的原則放在一切工作的首位。在人與人之間形成高度和諧的關係，使企業成為全體員工相互尊重，相互愛護，同心同德，榮辱與共，長期共處的利益共同體。

領導理解群眾，群眾體諒領導，企業愛護員工，員工愛護企業，人人以樹立良好的企業信譽為光榮，以損害企業聲譽為可恥，奮發工作，精益求精，樹立優越的企業精神，使企業成為全體員工友愛和睦的大家庭。這樣的企業文化，業已在中國、日本等一些國家和地區的企業中開始形成，在未來的歲月裡定將發揚光大，遍地開花。

五行觀：相生相制

《周易》哲學思想，本來是專講陰陽學說的，同五行學說，起初沒有直接聯繫，漢代以後才逐步融合在一起。

五行—陰陽

五行學說同陰陽學說，都是中華民族最古老的哲學思想。五行——水、火、木、金、土，最早見於《尚書·洪範》。依《洪範》的記載，原始的五行學說是西周初年殷朝思想家箕子向周武王講述《九疇》時，才作了系統的表述。當時的五行還被看作實體，對其功能的論述，相當簡略，原文是：

五行一曰水，二曰火，三曰木，四曰金，五曰土。水曰潤下，火曰炎上，木曰曲直，金曰從革，土爰稼穡。潤下作咸，炎上作苦，曲直作酸，從革作辛，稼穡作甘。

《洪範》的五行觀，力圖擺脫實體觀念，開始強調五行的功能屬性，企圖按照功能的不同，對事物進行分類。儘管這種思想在當時顯得很簡單，可是卻為探討宇宙萬物本源問題提供了一種新思路，同陰陽學說一樣，對後來中國哲學的發展產生了極大的影響。不難發現，那時的五行說，雖已看出水與火、潤與燥、上與下、曲與直、甘與苦的對立，但還沒有提到它同陰陽說有什麼內在聯繫。

到戰國末年及西漢初年，《禮記‧月令》、《呂氏春秋》、《黃帝內經》發展了原始五行學說，將五行的功能屬性抽象出來，形成一種穩定的思維模式，作為觀察分析宇宙萬物的一種認識工具。

《內經》把它看作特殊邏輯符號，用以論述臟腑學說，表示五行同五臟、六腑、五味、五色、季節、方位等相互間的固定聯系。列表如下：

五行	五臟	六腑	五色	五味	季節	方位
木	肝	膽	青	酸	春	東
火	心	小腸	赤	苦	夏	南
土	脾	胃	黃	甘	季夏	中
金	肺	大腸	白	辛	秋	西
水	腎	膀胱	黑	鹹	冬	北

以五行為綱，以五臟功能為核心，將人體分為五大系統，並與自然界的相關事物顏色、氣味、時間、空間聯繫起來。這是一種以中宮為統率，按功能屬性，從整體上分析事物的原則，屬於「取象比類」的思維方法。這種思維方法在中國

傳統醫學上一脈相承，流傳至今，行之有效，人所共知。

《黃帝內經》中的五行學說，已同陰陽學說聯繫起來了。而且指出：「言人身之藏府中陰陽，則藏者為陰，府者為陽。」就五藏而言，心為陽，腎為陰。

東漢易學家鄭玄（一二七—二〇〇），進一步將五行學說引入易學。他汲取西漢古文經學家劉歆（約前五三—二三）和經師京房（前七七—前三七）的思想，將五行同《周易》中天地之數、大衍之數相聯繫，從而構架起五行學說通向陰陽思想的橋梁。他根據《易傳》中：「天數五，地數五，五位相得而各有合」的觀點，加以新的解說。指出：一、三、五、七、九為天數（陽數）；二、四、六、八、十為地數（陰數），與五行的關係如下：

天地之氣各有五。五行之次，一曰水，天數也；二曰火，地數也；三曰木，天數也；四曰金，地數也；五曰土，天數也。此五者，陰無匹，陽無偶，故又合之。地六為天一匹也，天七為地二偶也，地八為天三匹也，天九為地四偶也，地十為天五匹也。二五陰陽各有合，然後氣相得，施化行也。（《春秋疏》引）

鄭玄還將五行同東南西北中五個方位相配，以表示氣候的變化。說「天一生水於北」，「地二生火於南」，「天三生木於東」，「地四生金於西」，「天五生土於中」。而東南西北四方又是春夏秋冬四時相配的。五行不只溝通了陰陽，又溝通四時與四方，充實了易學中的時空統一觀。以五行相生說為核心，通過易學形式，構造了一個時空統一間架，作為萬物生成法則，這是漢易象數學的重要內容之一，對後來的易學思想產生了極大影響。

不過鄭玄通過易數溝通了五行與陰陽，尚未達到「五行一陰陽」的認識。明確提出「五行一陰陽」的觀點的，是宋代的劉牧（一〇一一—一〇六四）和周敦頤（一〇一七—一〇七三）。劉牧解釋由太極到八卦的圖式，認為元氣混而為一，即是「易有太極」；其後分而為陰陽或清濁二氣，即「是生兩儀」；二氣一升一降，形成天和地；二氣相交則生五行，五行具備，萬物也就產生了。萬物賴五行而成形體，由五行構成，陰陽二氣即寓於五行之中。所以他說：「五行之物則各合一陰一陽之氣而生……此五行之質各稟一陰一陽之氣耳。至於動植物又含五行之氣而生也。」（《易數鈎隱圖》）

周敦頤作《太極圖說》，直接講宇宙形成論，則更明確地提出了「五行一陰陽，陰陽一太極」的命題。認為太極即元氣自身運動分化出陽氣；動極而靜，靜止則分化出陰氣；陰陽各居一方，相互對峙，於是形成天和地。陰陽二氣變化而生出五行之氣；五行依其次序分布開來，便形成四時的變化。這個分化的過程，周氏就概括為「五行一陰陽，陰陽一太極，太極本無極」。

「五行一陰陽」，是說五行之氣皆出於陰陽二氣；「陰陽一太極」，是說陰陽二氣皆出於太極。此「一」字乃統一或歸一之義。「太極本無極」，是說太極本於無極，即以無極為其本原。然後陰陽五行之精華與無極之本性巧妙地凝聚在一起，構成萬物的本質；二氣相互交感，於是萬物就產生，以至於變化無窮了。從而為易學的宇宙論提供了一個完整的體系。

這種宇宙論，表明，陰陽、五行和萬物乃一氣流行的產物。此說不從五行本身分陰陽，而認為「五行各具陰陽」，這在哲學上更為合理。

「五行一陰陽」的觀念，說到底即將構成事物的要素按其功能屬性進行分類，此種思維方法，對於我們觀察和分析管理問題，頗有指導意義。管理學家們竭力尋找、分析制約企業整體的諸種要素，提出過程學說。

西方古典管理學創立者之一的法約爾認為，宏觀的管理工作應劃分為六種職能，即技術、商業、財務、安全、會計、管理。

這是從企業的整體立論的。他將「管理」列為六種職能之一。同時指出，狹義的「管理」，包含著五個因素，即計劃、組織、指揮、協調、控制。在我國，指揮、協調基本上歸一個部門。

古典管理學派的另一學者古利克，同法約爾不同，提出七種管理職能的學說，將管理劃分為計劃、組織、人事、指揮、協調、報告、預算七因素。其中人事和指揮、協調在我國企業中是一致的。如果用中國古代「五行一陰陽」的思維方法對此加以概括，是最合適不過了。

依據五行觀念，一個工廠的行政管理工作，可以劃分為人事、財務、供銷、技術、文教等等，每個方面的工作都可按陰陽觀念評估其價值。或屬於陽性，列入進取、開拓、先進、成功類型；或屬於陰性，列入保守、閉塞、落後、失敗類型。即是把一切工作放在統一的整體中去衡量其是非、得失。

總之，在我們的企業管理工作中，如果將五行作為一種功能屬性的分類模式，遇事按五行思維模式，作出種種恰當的劃分，使事物有所歸屬；又能將陰陽作為一種功能屬性的價值評估模式，遇事按兩分法的思維方法，作出恰當地價值評估，使事物的是非、得失有明確的界限，這樣我們的思維方法就會比較正確、全面，而不致遇事茫無頭緒，陷入模糊狀態。

✖五行生剋

「五行一陰陽」的觀點，反映了五行同陰陽之間的關係，而未涉及五行本身。至於五行之間的內在關係，是由五行生剋學說加以論述的。這一點在認識上有更加重要的意義。五行生剋指的是五行之間存在相生關係和相剋關係兩大方面。

五行相生──指木、火、土、金、水五行之間，存在固定的相互滋養、扶助、促進的關係。其固有聯繫是：木生火，火生土，土生金，金生水，水生木。生我者為「母」，我生者為「子」。木為火之母，火為木之子；火為土之母，土為火之子；土為金之母，金為土之子。……子有難，母必扶之，母有難，子必救之。

這種關係是固定的，不可紊亂，如圖一。

五行相剋──指木、土、水、火、金之間存在的固定的相互剋制、壓抑、約

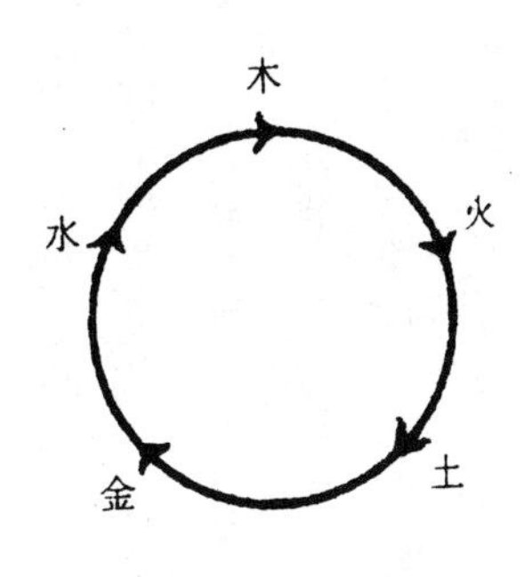

圖 1

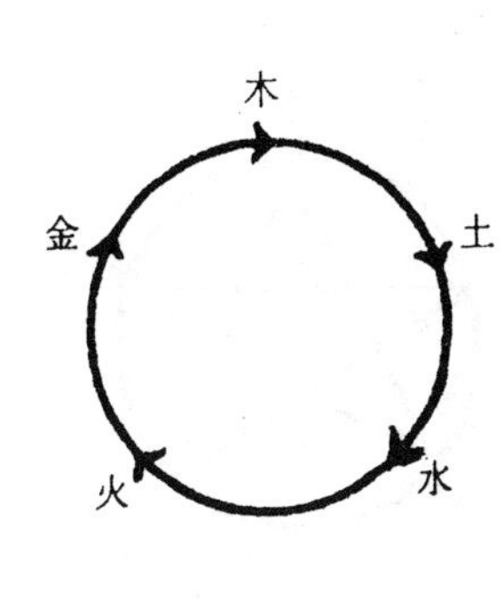

圖 2

束、阻礙的關係。這種相互剋制的固定聯繫是：木剋土，土剋水，水剋火，火剋金，金剋木。剋我者為主，我剋者為客。主強者客必受剋制，客強者主必遭反悔。因此，土強木弱，土可反侮木；水強土弱，水可反侮土；火強水弱，火可反侮水。……這種相剋如反侮的關係，也是固定不變的，如圖二。

如果將五行按木、火、土、金、水的次序排列成一圓圈，恰好存在「比相生，間相剋」的關係。「比相生」，指相比鄰的兩行，前一行生後一行。「間相剋」，指每相連三行之間，第一行，越過中間第二行，對第三行產生相剋作用，如圖三。

沿圓圈周圍的箭頭符號，表示「比相生」關係；圓圈內面的箭頭符號表示「間相剋」關係。

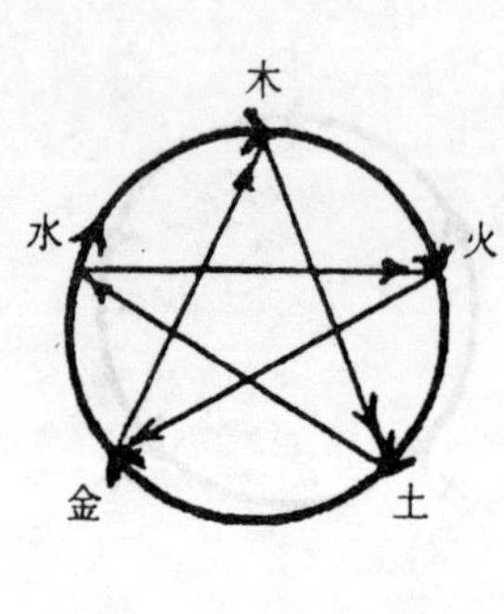

圖 3

五行之間，既相生，又相剋，保持事物內部的協調平衡，這是正常狀態下的內在聯繫。「反悔」是破壞協調平衡的關係，屬反常現象。為了維持事物的協調平衡，以利於正常的生長發育，必須正確認識事物之間諸方面的相生相剋關係，加以正確處理。太過或不及，都容易導致協調關係的破壞，需要及時調整。

研究五行生剋，有利於揭示事物的內在結構，探索事物之間或事物內部諸方面相互生剋制化的聯繫圖式。從而揭示事物整體功能結構方面的內在規律，闡明系統結構的內在機制及其交錯關係。五行生剋觀十分強調動態平衡在事物發展中的重要意義。

特別值得強調的是，五行生剋模式，反映了中國人早已認識到，整體事物具有通過自我調節以維持動態平衡的內在機制，即自我調控的能力。這是中華民族辯證思維高度發展的體現。

五行生剋理論，可稱之為中國古代樸素的系統論。這一理論概括起來，具有以下三個基本特徵：第一，正確地把事物看作有機統一的整體；第二，整體內部存在一定的系統結構和生剋制化的自我調節機制；第三，系統結構具有通過自我調節而保持穩定和諧、動態平衡的能力。

早在兩千年前，這種原始系統思想已蘊涵在易學思想體系中，這是易學思想具有永久魅力的重要原因之一。

五行生剋理論，數千年來，在中國傳統文化中得到廣泛應用。傳統醫學和氣功學的應用尤為成功。將其應用於現代管理科學仍是很有價值的。現代企業是一個系統工程。企業組織內部是一個嚴密的系統結構。從管理上看，基本上可以用五行結構來描述其動態平衡的模式。

我國的企業管理，基本上形成兩種層次：整體性的宏觀管理。可分為決策、組織、後勤服務、質量監督、安全與環境等部門；單就工廠技術生產過程而言，所謂管理主要著重於生產計劃、技術設備、勞動人事、原材料供應、能源及水氣供應等方面。部門的劃分可繁可簡，原則只有一個，即將企業作為一個整體，按功能不同而劃分為相互制約，相互促進的不同部門，發揮各部門的固有功能、實現企業自我調節的機制，保證企業穩定的動態平衡。不允許任何一個部門忽視整體利益而破壞平衡發展的格局。

企業領導者的神聖職責，就在善於預見和發現各部門之間不相協調、可能破壞平衡的情況，並能及時加以解決，而不致使問題發生相互推委，拖延而不能解決。例如，生產計劃完不成，可能是計劃本身不合理，可能是技術設備跟不上，可能是勞動力調配不恰當，也可能是原材料和能源供應有問題；又如產品質量下降，原因也是多方面的，或在設備陳舊，或在技術操作不熟練，或在原材料質量低劣。都應作具體分析，找出其中相生相剋的主要方面，然後對症下藥，才能解決問題。

五行生剋學說在管理工作中的應用，決不是為人們提供某種解決具體問題的方案，僅僅是為人們提供一種辯證思維的方法。這種辯證的思維方法對做好企業管理是十分重要的。它將複雜多變的整體企業，分析為功能各異的若干部門，找出各部門之間相生相剋的內在關係，精心加以組織，泄其太過，濟其不足，充分發揮內在機制的自我調節功能，促成企業的協調一致平衡發展。

五行互藏

五行之間除了相生相剋關係，還存在互藏關係。所謂互藏，即你中有我，我中有你。五行功能不能截然分離，總是互相涵化，互相包容，以顯示五行功能的整體統一性。

五行如何互藏？明末清初易學家方以智（一六一一—一六七一）作了深刻論述。他以水火二行為例，說明陰陽體用互藏關係。陽氣無形體，以陰為體；此陰之體為陽之用。火性陽，中藏陰氣功能，方能凝聚成體；陰體之物燃燒，則火炎向上，這是陽以陰為體；水性陰，中藏陽氣功能，乃能流動不息，發生潤下作用，是陰之體以陽為用。可見陰陽一體一用，從來互藏。這個事例還說明物物有陰陽，物物有水火。水火互藏，有體有用，體用有別，而體用不可分。

就五行中水、火、土三行的關係而論，方以智認為三行亦互藏。土氣因陽光而蒸發，是土中藏火氣；火氣上升，冷而為水氣，水氣凝結，下降而成水；下降之水滲入土中，遇地中之火氣，再升空中成水氣。如此土——火——水——土，循環不已，萬物乃能不斷生化。

再就五行而言，火的功能不止能生土，同時也能生金、生水、生木。因為金非火不能熔化，水非火不能升降，木非火不能向榮。土、石、金經敲擊可以生火，鑽木亦能取火。火無體，其功能藏於萬物之中，又能生成萬物。

五行互藏是人們在日常生活中隨時遇見的，只是一般人未加深究而已。酒可以燃燒，是水中藏火；集雪融化而成沙，因水中藏土；草木燃燒而生灰，是木中藏土；火山爆發，地底流出熔岩，是土中有火。說明萬物雖可按五行劃分其功能，而五行的功能從來是互藏互化的，不可用形而上學觀點將其孤立看待。方以智認為一行之中，各具其他四行。萬物之所以有差異，並不是一物只具一行，而不具其他四行；而是全具五行，但各有偏重。

方以智還指出：從表面上看來，五行的特性是各有區別的，水為濕氣，火為燥氣，木為生氣，金為殺氣，土為沖和之氣，可調和其它四氣。然而水、火、木、金四氣皆因土氣而形成，是為五材。土為五材之主。可見五行是構成宇宙萬物的五大元素，同時也表徵物質的五種性能。一行既相生又相剋，顯示了五行功能的特殊性；五行又互藏互化，顯示了五行功能有統一性。

看不見五行功能的特殊性，人們的思想會陷入不加區別的模糊狀態；看不見五行功能的互藏互化，人們的思想就會陷入孤立僵化的形而上學。以之分析問題，指導行動，未有不出錯誤的。

將五行互藏互化的觀點運用於企業管理，會使人們的頭腦清醒而靈活，陰陽五行的妙合，啟示人們既要注意事物之間的整體統一性，又要注意事物的差異性，管理現代化企業，首先要善於利用不同的職能部門，使之結合成一個有機統一、相互依存、相互制約的整體；尤其要善於在既定職能部門之間創造一種新的、超常的關係結構，以實現預定的管理目標。

代表企業靈魂的企業文化，其功能正是如此。作為企業文化的物質設施，各個企業可能大同小異，企業內部的各種規章制度，從條文上看，也可能區別不大。但所煥發出來的企業文化精神，各個企業可能相去懸殊，這就是由於各部門功能間互藏互化的妙合作用，產生整體性的特殊功能所致。

正如硝石、硫黃、木炭分開來看，只不過三種平常的物質，若按一定比例巧妙結合，因其互藏互化而成為火藥，足以引起威力無比的爆炸功效。現代企業管理應當從中得到啟發，深入研究企業之中各種組織機構職能互藏互化的妙合作用，建立獨具特色的企業文化模式，為企業管理創造新經驗。

太極觀：整體思維

歷代易學家依筮法中的太極觀，在我國思想史上系統地闡發太極觀念，建立了獨具特色的宇宙生成論。認為千變萬化的宇宙萬物，是由統一的宇宙本源——「太極」所化生，對古代的宇宙生成圖式作了典型描述。

✖太極生兩儀

《系辭傳》寫道：

易有太極，是生兩儀，兩儀生四象，四象生八卦，八卦定吉凶，吉凶生大業。（《系辭上傳》第十二章）

漢易認為「太極」是天地未分之前，混沌為一的元氣。「兩儀」指元氣分化的陰氣和陽氣，輕清之陽氣上浮而為天，重濁之陰氣下沉而為地。「四象」指陰陽老少四種勢力互相配合，如春夏秋冬四時一樣，生成萬物。「八卦」指乾

(天),坤(地),坎(水),離(火),艮(山),兌(澤),震(雷),巽(風),是生成宇宙萬物的八種自然物質要素。

這一宇宙萬物生成圖式,按宋代易學家邵雍(一〇一一—一〇七七)的說法,用圖象表示出來,太極為〇,謂混而為一。兩儀為一陰(--)一陽(—)。四象是兩儀之上各生一陽一陰,即少陽、老陽、少陰、老陰。八卦是四象之上再各生一陽一陰,即乾、兌、離、震、巽、坎、艮、坤。乾兌離震四卦,初爻皆陽,是為四陽卦;巽坎艮坤四卦,初爻皆陰,是為四陰卦。

宇宙生成論,是以太極為一,一生二,二生四,四生八,八生十六,十六生三十二,三十二生六十四,即六十四卦,這一原則北宋哲學家程顥(一〇三二—一〇八五)稱為「加一倍法」。宇宙由簡入繁,不斷生殖繁衍,成為千變萬化的物質世界。

易學中的太極觀,誘導人們建立一種思維方式,把千變萬化的物質世界看作從本根到派生的一有機聯繫的整體,掌握了事物變化的這一規律性,由簡可以化繁,由繁可以入簡,不為紛繁現象所迷惑而失其統馭,亦不僅僅看到統一性而忽視事物的多樣性。有源有流,有統有分,方構成有機整體的事物。

運用整體原則觀察現代企業，視企業為社會的生產單位，本身就是一個小社會。這個具體而微的小社會是個多樣性統一的整體，董事會和總經理的決策，即可視為《周易》所說的太極。經營好一個工業企業，就要鎖住決定這個企業命運的一陰一陽的「兩儀」。

什麼是工廠這個太極所生的「兩儀」呢？一個是生產任務，一個是企業管理。生產什麼樣適銷對路的產品，才有利於本企業的發展，這個問題對一個工廠企業來說，是決策中的關鍵，一定要看得準，抓得住。要經過廣泛深入的調查研究，要下大工夫，花大力氣把它搞清楚，這是決定一切的，是太極中屬於陽性、剛性的東西，企業的一切活動由它起主導作用。

開發什麼樣的產品，如果在決策上發生錯誤，不適應國內外一定時期的市場需要和貿易、金融形勢，將導致企業在總體上陷於被動，甚至弄到一籌莫展，全盤皆輸。生產什麼產品這個關鍵問題決定後，如何科學計劃、組織生產、在技術上精益求精，以保證高質量、高效率地完成生產任務，這是企業管理問題，是太極中屬於陰性、柔性的東西。對總體任務來說居於從屬作用。儘管它是居於從屬地位，如果管理不到位，正確的決策也會落空，生產任務不能完成。

開發適銷對路的產品，以建立完善的管理制度作保證，前者是主導因素，後者是順從因素，二者一剛一柔，一主一從，剛柔相濟，才能使企業興旺發達，具有雄厚的競爭力。

管理是否完善到位，決定於多方面的因素。涉及人才使用、技術設備、物資供應、能源交通、安全措施等等，但關鍵性的因素，是人而不是物。企業管理要把人的因素放在第一位，以人為主。關於企業的人力布置，基本上分四個方面，可以說是兩儀生「四象」。

第一方面（老陽），可看作領導班子，一個團結的領導班子，配置得當，原則性強，富有開拓精神，相互配合，互相支持，體貼員工，作風正派，既有原則，又有靈活性；

第二方面（少陽），技術幹部隊伍，要業務過硬，有創造性，敢於大膽革新，與工人密切配合；

第三方面（老陰），思想過硬、技術過硬的生產大軍，能全心全意於生產，保證產品質量，具有濃厚的主人翁意識，以廠為家，與企業共榮辱；

第四方面（少陰），積極支持員工的家屬群體，樂於分擔家務，顧全大局，不拉後腿，撫養教育好子女，減少員工的後顧之憂。

以上四支力量擰成一股繩，心往一處想，勁往一處使，天大的困難也能克服，再艱巨的任務也敢於承擔。大慶人就是這樣創業的，江西汽車製造廠以一個名不見經傳的小廠，一躍而為世界矚目的大企業集團（江鈴汽車集團公司），基本經驗也在這裡。他們做成了一篇太極生兩儀，兩儀生四象的好文章。四支隊伍齊頭並進，協同一致，把勞力、技術、物資、安全、經營、財務、監督、能源各方面工作做得有條不紊，生產大發展，計劃能完成，質量有保證。正好比四象生八卦，八卦定吉凶，吉凶生大業。

太極生兩儀的整體思維方法，在決策過程中意義十分重大。企業不只是一個小社會，一個有機統一的整體，同時也可說是一架大天平，一個十分嚴格的平衡器。在決策中一定要十分注意任務和能力的綜合平衡。

生產「任務」和生產「能力」，這也是太極中的「兩儀」。生產任務的確定，這是剛性、陽性的東西；但生產能力對它有重要制約作用，這是柔性、陰性的東西。這兩者必須陰陽協調合作，剛柔相濟，如果思想冒進，生產任務訂得過高，生產能力不能滿足，生產任務就不可能完成；反之，思想保守，生產任務定得過低，生產能力吃不飽，造成設備、勞力的過剩，對企業經營也很不利。必須做到任務和能力基本上保持平衡，既能充分發揮企業生產的潛力，又能保質保量地完成預定任務。

做好生產任務和生產能力的綜合平衡，還需從「兩儀生四象」著眼。生產潛力是受以下幾個主要方面因素制約的，因此，要注意幾方面的平衡。首先，生產任務與現有的和可能增加的技術設備之間的平衡；其次，生產任務同工人技術水平之間的平衡。技術水平跟不上，任務也會落空；第三，生產任務同物資供應之間的平衡。有了設備，沒有足夠的原材料，則巧婦難為無米之炊；最後，生產任務與銷售任務之間的平衡。若盲目生產，產品銷售不出去，造成產品和資金的積壓，企業效益會大受影響。

這四個方面，某一方面不平衡，都會影響全局。此外，綜合平衡還要考慮成本、財務的問題，產品成本過高，往往是銷售不暢的主要因素。

總之，「太極生兩儀，兩儀生四象」這一原理，啟示人們堅持整體思維方法，遇事要考慮到一分為二所涉及的方方面面，要善於彈鋼琴，通觀全局，統籌安排，統一指揮，協調一致。為此在決策過程中要廣泛調查，要冷靜思考，慎重決策，不可頭腦過熱，亦不可思想保守。

物物一太極

易學所闡發的「太極」概念，只是表明宇宙的本原或本體。太極並非具體器物，但太極和兩儀、四象，又是相互涵蘊的，不可分割。朱熹把這個道理講得透徹，他說：

自太極而分兩儀，則太極固太極也，兩儀固兩儀也。自兩儀而分四象，則兩儀又為太極，四象又為兩儀矣。（《易學啟蒙．原卦畫》）

朱熹不用元氣解釋太極，而用「理」即陰陽五行之理的全體解釋太極。在朱熹看來，此太極之理是宇宙萬物的本體，即存在於天地萬物之中。他說：

太極非是別為一物，即陰陽而在陰陽，即五行而在五行，即萬物而在萬物，只是一個理而已。（《朱子語類》卷九十四）

太極只是個極好至善的道理。人人有一太極；物物有一太極。

(《朱了語類》卷九十四)

他將「太極生兩儀」了解為生則俱生，相互涵蘊，故說「物物一太極」。這無非說明：作為宇宙萬物本原的太極，雖然不同於其所化生的萬物，但並非獨立於天地萬物而存在，而是寓於天地萬物之中。所以，當人們觀察分析某種事物或某個人時，同樣要將其作為一個整體來對待，要看其共性和整體性。

俗話說：「麻雀雖小，肝膽俱全」。解剖一隻麻雀，可以了解整個鳥類的生理構造。任何個別事物，都具備著一般的特徵；任何一般的特徵，無不通過個別事物體現出來。從來沒有脫離個別事物而獨立的一般。

太極含兩儀，兩儀一太極；太極化生萬物，萬物各具一太極。衍之為萬，合之為一。王夫之稱之為「明魄同輪而流源一」。這是從本體論的角度解釋《周易》的太極觀。

「物物一太極」的觀念，對我們企業管理，無疑是有重要意義的。就企業的系統結構而言，整個企業就是一太極，總公司下面有若干分公司，總公司是母系統，分公司是子系統。

母系統的總公司是一個太極，子系論的分公司同樣是一個太極。分公事圍繞總公司運轉，體現了太極的整體和諧統一；同樣，分公司的所屬機構遵循分公司領導者的意旨運作，也是體現整體和諧統一。子系統不可向母系統鬧獨立性，分公司各個從屬機構同樣不可各行其是。子系統從屬母系統，上下一致，內外團結，整體和諧，才能保持統一運動節奏。

就一個大企業來說是如此，而就企業的一個部門，甚至就企業的某類人員來說，也莫不如此。每個部門每個人員都要領會企業的宗旨，貫徹總的生產意圖，按企業統一的部署而有條不紊地運作。

天人觀：整體思維

人類生活在天地之間，受自然的恩賜，也受到自然的威脅，必然會隨時考慮人同自然界的關係。

在人同自然的關係問題上，中國古代哲學從來存在兩種對立的觀點。一種觀點認為人只應聽從自然的擺布，向自然屈服，主張人在自然面前，消極無為。這是一種宿命論觀點。一種觀點認為，人能夠掌握自然規律，並利用自然規律，主張發揮人的主體能動作用，積極適應自然並改造自然。

《易傳》堅持後一種觀點。認為人在自然面前不應無所作為，應當「財成天地之道，輔相天地之宜，以左右民」（《象辭上傳・泰卦》）。即利用自然規律，輔助自然發展，為人類謀利益。

三才之道

《易傳》把天、地、人稱為三才，認定「三才」之道是統一的，它們有著共同的運行規律，《周易》就是研究三才統一規律的著作。寫道：

> 《易》之為書也，廣大悉備。有天道焉，有人道焉，有地道焉。兼三才而兩之，故六。六者非它也，三才之道也。（《系辭下傳》第十章）

這是說《周易》八經卦，每卦三爻，代表天地人三才；六十四別卦，每卦六爻，「兼三才而兩之」，仍然是代表三才之道。初、二爻代表地、三、四爻代表人，五、上爻代表天。任何一卦都反映三才統一。

《說卦傳》對聖人作《易》的宗旨和三才之道的基本內容，作了經典論述。指出：

昔者聖人之作《易》也，將以順性命之理。是以立天之道，曰陰與陽；立地之道，曰柔與剛；立人之道，曰仁與義。兼三才而兩之，故《易》六畫而成卦。分陰分陽，迭用柔剛，故《易》六位而成章。

說明《易》的宗旨在研究天地人三才的共同規律（「性命之理」）。三才之道從來是統一的，但又各有其特殊內容。天之道，在陰陽調和；地之道，在剛柔相濟；人之道，在仁義兼備。陰陽、剛柔、仁義，對立的雙方是協調統一的；三才之道，也是統一和諧，不可分離的。

天地人三才統一，天道、地道、人道和諧一致，成為中華民族數千年一脈相承的整體思維模式。這種思維模式的基本特徵，就在於從不把人同自然界隔離，總是從整體上、宏觀上考察人同自然（天地）的內在聯繫及相互制約的法則。天之道，表現為陰陽消長，四季變遷，風雨迭施，以滋潤萬物正常地生長、發育。地之道，表現為剛柔變化，山澤水火各顯其功，飛潛動靜各順其性，足以為人類提供舟車之利，衣食之源。人之道，表現為依仁由義，陶淑儒雅，保證教化溥施，社會和平，堅定人在宇宙之間雄居自強地位。

天道、地道、人道相統一，是人類理想境界的實現。天時、地利、人和，三者融洽、諧和，人類社會可保富強康樂，興盛繁榮。三才統一的整體思維方法，是中華民族長期堅持的優良思想傳統，較之割裂人同自然關係的形而上學思維方法具有巨大優越性。

在管理工作中，所謂「天」的因素，一方面固然指「天時」，即季節的變化對生產、商業活動的制約作用，甚至考慮大的自然災害，對市場經濟帶來的衝擊，以及對本企業造成的影響。另一方面，「天」還指客觀時勢，即影響企業發展的社會「大氣候」，國際國內的社會政治環境的重大變化，要求企業及時調控以相適應。不顧客觀形勢的變化，因循舊章，固步自封，不知變通，企業就不可能活絡。光打小算盤，不看大氣候成不了大器。必須放眼國際國內市場的變化，順應時勢，趨時更新，謀求新發展。

所謂「地」，不只意味著水源、交通、地理條件，尤其包括在人與「天」之外的一切物質、技術設備，原材料及能源等。一般所謂從實際條件出發，辦事要腳踏實地，就是指不要使人們的計劃、方針決策脫離此時此「地」的現實條件。

三才之道，更重要的是人的因素，即在順應天時，固守地利條件下，充分發揮人的主觀能動性。人的活動固然不可脫離天時、地理條件，但也不可受天時地理條件的絕對限制。

戰國思想家孟子（約前三七二—前二八九）曾經說過：「天時不如地利，地利不如人和。」只要將人的積極因素調動起來了，就可以克服天時、地理方面的不利因素，化不利為有利，化小利為大利。事在人為，人可勝天。

所謂人的因素，在管理過程中，就是指準確地預測未來，科學地進行決策，嚴密地組織計劃，強有力的指揮，有效的監督實施，創造優良的企業文化氛圍，充分發揮企業潛力，以爭取最大經濟效益。

在管理工作中，時時將影響企業發展的天、地、人三方面因素統一思考，作整體布署，全面安排，抓住薄弱環節，利用有利因素，消除不利因素，揚長避短，多謀善斷，乃可保證企業內部機制有秩序地正常運轉。一個企業領導人，不顧天、地、人諸方面因素的相互制約作用，只憑主觀願望，知其一，不知其二，缺乏整體觀念，片面考慮問題，倉促作出決策，多半是會失敗的。

天人合用

關於天人關係問題，在中國哲學史上，有過長期爭論。由於對「天」的含義的理解有著根本區別，故各家天人學說分歧頗大。

儒家孔子認為，「天」是有意志的，人應當「畏天命」；他的學生公開主張「死生有命，富貴在天」。認為個人的禍福遭遇非人力所能為，主張命定論。但孔孟都強調努力於個人的道德修養，主張盡人事聽天命。

戰國道家莊子（約前三六九－前二八〇）認為，「天」就是自然而然，宇宙萬物都是自然形成的，沒有上帝主宰；但認為自然的一切都是完美自在的，人不應當對自然的東西加以干涉，提出「勿以人滅天」的主張，要求人們對自然不加改造，人類應回歸自然，過無拘無束的自在生活。

戰國後期思想家荀子（約前三一三－前二三八）則綜合孔孟和老莊的觀點認為，「天」是客觀存在的物質自然界，人應當認識自然變化規律，利用這種規律為人類謀福利，提出「制天命而用之」的正確主張。

《易傳》同荀子的思想路線是一致的，提出比較完整的天人統一觀，對中國古代天人學說的發展作出了新貢獻。

首先，《易傳》認為：「有天地然後有萬物」，「天地絪縕，萬物化醇，男女媾精，萬物化生」（《系辭下傳》第五章）。宇宙萬物乃絪縕之氣凝聚變化的產物，沒有超自然的神靈左右，人應當承認宇宙萬物的客觀存在。

其次，宇宙萬物的發生、發展、運動變化有其自身的客觀規律性，稱為「道」，人應當仰觀俯察，「探賾索隱」，去掌握天道、地道及萬物變化的妙道。

再次，也是最重要的，人應發揮其在宇宙中的地位，參與天地之化育，「財（裁）成天地之道，輔相天地之宜」，即認識並利用自然規律，因時制宜，因地制宜，促成萬物的發展。此即「天地設位，聖人成能」。王夫之將這種觀點稱之為「天人合用」。人在參與天地之化育時，要充分尊重自然規律的客觀性，做到「與天地合其德」，「先天而天弗違，後天而奉天時」（《文言傳．乾文言》）。

客觀事物的運動變化，無不受時間、地點、條件的限制，人們為了促成事物的變化，亦當「見幾而作」，決不可莽闖蠻幹。「見幾而作」的客觀標準，在於順應自然和歷史發展的客觀趨勢。

此即《彖辭傳》所說「順乎天而應乎人」。「順乎天」，指順應自然發展規律；「應乎人」，指適應人類歷史發展趨勢。「順乎天而應乎人」是易學強調的「天人合用」的基本準則。無論改造自然，改造社會，進行管理，都應遵循這一基本準則，而不可有絲毫忽視。

在企業管理中，無論處理人同自然的關係，還是處理人同物的關係，「天人合用」的思維原則都是應當認真注視的。只知人而不知天，只重物而不重人，都不可取。

就人與自然的關係而言，一個企業要發展，不能不受到客觀自然條件的限制。所謂自然條件，大體有三大方面：

一是天時氣候條件。例如一個紡織廠，要維持正常生產，必須使車間保持一定的濕度和溫度。濕度大了不行，要注意防潮；溫度高了不行，要設法降溫；溫度過低也不行，要注意防寒保溫。這些都要有計劃地早作安排，否則會限於被動。

其次是地理位置，要有必要的水源，要便於排放廢氣、污水，這些如不事先考慮周到，於生產發展十分不利；地理位置還要同交通運輸聯繫，在交通不便的地方設廠，造成原材料和產品運輸上的困難，對企業發展是很大障礙。

第三是自然資源。有些企業靠天然原料進行生產，不可不考慮客觀環境，如紡織廠要靠近棉花基地，茶廠要靠近茶葉產地，煙廠當靠近煙葉基地，中藥廠要靠近藥材產地，以便於利用天然原料，就地取材，就地加工，形成企業的特殊優勢，顯示「天人合用」原則的重要性。

就一個企業的管理對象而言，也可以說一是「天」，一是人。「天」指自然環境、客觀形勢以及原材料、能源等客觀物質對象；人指管理工作、企業文化等人文活動。同樣應當堅持「天人合用」原則。

一方面要「順乎天」，從現有的客觀物質技術條件出發，量力而行，計劃指標、組織措施都不可超出現有的物質技術許可的最大限度，否則就會造成盲目冒進，欲速不達的不良後果。高指標、高速度之所以會造成事與願違的惡果，就在於計劃、組織違反「順乎天」的原則。

一方面，還要「應乎人」，即順應全體人員希望企業不斷發展，蒸蒸日上，躋身於先進企業行列，創造名優產品，提供第一流服務的良好願望。因此，計劃、組織工作不可保守，要充分挖掘企業潛力，調動職工的積極性，領導與群眾團結一致，同心同德，為實現最佳績效而努力。

氣可鼓而不可泄，經過努力可以達到的目標而不去爭取，按部就班，因循守舊，不敢作，不敢闖，不進則退，勢必挫傷廣大員工的積極性，這就是違反「應乎人」的原則。而堅持「天人合用」，既順乎天，又應乎人，正如《易傳》所說，其作用是非常巨大的。

歷史上有這麼一個故事，說明「天人合用」的奇妙威力。宋代祥符年間，禁宮遭火災，需儘快修復。若不敢破壞現在街道，取土運材繞道而行，則費時誤工。主持人當機立斷，下令暫時廢止原行通街大道，將其挖成深渠，然後引入水渠，使一切建築材料，通過渠道直入宮門，禁宮很快修復。然後將廢棄土石填入渠中，將通街復原。史稱「一舉而三役濟，計省費以億萬計」。

這個故事說明，客觀條件是可以改變的，只要發揮人的主觀能動性，決策得當，管理得法，不利條件可以轉化為有利條件，完全可以做到既省時，又省工，更省財。一切管理工作，無非是在人、財、物三方面下功夫，「順乎天而應乎人」，以實現最好的經濟效益。

第二章　易學與預測決策

就現代管理學而言，預測和決策在其中所占的位置越來越重要。美國著名經濟學家、諾貝爾經濟學獎獲得者赫爾伯特·西蒙甚至提出了「管理就是決策」的概念，把決策問題作為管理學研究的核心。

在管理學的理論與實踐中，預測和決策都有不可分割的聯繫。預測是決策的前提與基礎，決策是預測的結果與目的。

所謂預測，就是人們依據已有的信息或事實，按照一定的方法，對事物未來發展的各種可能性所作的估計和推測；而決策，則是在預測的基礎上，對未來實踐的方向、目標和原則及為保證其實施所作的決定。無論是對國家、企業、還是對個人等，預測和決策都十分重要。

作為中國「群經之首」的《周易》和易學，儘管應用領域極廣，但占筮、斷卦、預卜未來及支持決策等無疑是其中最重要的組成部分。本編要探討的就是易學的基本原理與預測、決策的關係。

筮法與預測

《周易》是我國一部古老的典籍，在從漢至清大約兩千餘年的歷史發展之中，它一直被尊奉為最崇高的經典，長期居於諸經之首的地位。從戰國時代開始，即出現了解釋《周易》的作品——《易傳》。以後，對《周易》及《易傳》的解釋不斷增多，日漸豐富，形成了一種專門的學問——易學，對中國歷史上產生了非常大的影響。

雖然從《易傳》開始，易學就已成為探究哲理之學，但作為其源頭的《周易》一書，卻主要是供占筮之用的。

占筮與龜卜一起，是上古時代人們向天神或鬼神詢問吉凶禍福的兩種主要方式。龜卜所用的材料主要是龜骨或牛肩胛骨，占筮則用蓍草。在占筮活動中，《周易》並不是唯一的一種。《周禮・春官・宗伯》說：

「太卜掌三易之法，一曰連山，二曰歸藏，三曰周易。其經卦皆八，其別卦皆六十有四。」

這是說有三種占筮方法。其中連山、歸藏據說比《周易》的歷史還要悠久，但是已失傳。照《周禮》之說，三易之法有很多相似之處，就卦的數目來看，其基本卦都是八個，由基本卦兩兩相重而得的重卦都是六十四個。我們這裡所說的筮法主要是指運用《周易》占筮的方法。

象、數、辭、義、占

按照《易傳》的記載，占筮過程就是由筮數求得卦象，再由卦象和卦爻辭推斷來事之吉凶禍福的過程。其具體方法是：將四十九根蓍草經過分二、掛一、揲四、歸奇四次經營，稱為一變，反覆三次得到或七或八，或九或六這四個數字，其中七、九為奇數，屬陽性，畫一陽爻⚊；八、六為偶數，屬陰性，畫一陰爻⚋。這樣經過「十有八變」，便得到一卦六爻的形象。

這是揲蓍成卦的過程。然後，再依據卦象和卦爻辭與所占問之事相聯繫，進行邏輯推理，作出或吉或凶，或可或否的斷判。這是依象、辭斷卦的過程。二者結合在一起，就是占筮的全過程。

由此我們可以看到，筮法的內容主要是由象、數、辭、義、占五個要素構成的。下面，我們就以乾卦為例，分別介紹一下這五個要素。

☰乾，元亨，利貞。

初九，潛龍勿用。

九二，見龍在田，利見大人。

九三，君子終日乾乾，夕惕若，厲，無咎。

九四，或躍在淵，無咎。

九五，飛龍在天，利見大人。

上九，亢龍有悔。

用九，見群龍無首，吉。

據此，所謂象，就是卦畫的形象，指文首的☰。乾卦象由六個純陽爻組成，也可以說由兩個三畫的乾卦相重而形成的。按照春秋時人和《易傳》的解釋，象還有另一層含義，即八經卦所象徵的物象，如乾卦象徵天、父、君、金、玉、首、馬；坤卦象徵地、母、臣、布帛、瓦器、腹、牛等等。

所謂數，即奇偶陰陽之數，包括天地之數、大衍之數等。如乾卦六個純陽爻，都是由占筮得到的九或七而來，並由九表示，稱為初九、九二、九三、九四、九五、上九等，此七或九即為數。這說明，卦爻象是由筮數而來的，如前揲蓍求卦所說，由大衍之數經過「十有八變」而成一卦象。易學史上稱為「極數定象」或「象由數設」，即卦爻象是通過數的演算而確定的，但是，卦象確定之後，又必須以數（九或六）來表示，說明象又有數的規定性，易學史上稱為「有象則有數」。

所謂辭，即卦辭和爻辭。如「元亨，利貞」，「潛龍勿用」，「見龍在田」，「亢龍有悔」等。《周易》六十四卦共有六十四條卦辭，三百八十四條爻辭，加上乾卦「用九」、坤卦「用六」兩條，共四百五十條。

從卦爻辭的形式來說，可區分為記事、取象、說事和斷占幾種；從內容分析，可區別出許多類，反映了當時社會生活各方面的情況；就其作用來說，它本身依附於卦爻象，幫助說明占筮結果的或吉或凶。由於卦爻辭中包含了許多社會生活的經驗和智慧，後來被人們看作分析問題的依據和行為的指導，從而獲得了相對獨立的意義。

所謂義，指卦象的意義和卦爻辭的蘊涵的義理。如乾卦之義為剛健，坤卦之義為柔順；「潛龍勿用」的義理是隱居不仕，等待時機；「飛龍在天，利見大人」的義理是地位高貴，大有作為；「亢龍有悔」的義理是物極則反。

所謂占，就是依據卦爻象、卦爻辭及其所蘊涵的義理作出或吉或凶，或可或否的判斷。這是占筮活動，亦即推測來事的結果。

《周易》作為一種古老的占筮之術，就是依據揲蓍所求得的卦象，去察看《周易》書中的卦爻象，將所要占問的事情同卦爻辭中所講的事件加以類比，通過卦爻象和卦爻辭的義蘊，從中引出某種結論，以判斷所問之事的吉凶悔吝。在占筮的整個過程中，象、數、辭、義、占缺一不可。

象、數、辭、義、占這五個要素，後來逐漸演變為人們觀察和解釋世界的五個範疇，成為中國古代易學和哲學史上，理性思維的重要組成部分。

從現代觀點來看，這五個範疇對於推斷事物發展的未來趨向，進行預測和決策也是有意義的。從測預決策的角度說，象即客觀事物的各種現象；數即各種數據，指事物各種量的規定性；辭即各種經驗的總結和概括，可以引申為命題；義即各種事物相互關係中呈現出來的規律或處理其相互關係的準則；占即作出判斷，定下決心，拿出方案。

例如，加強技術管理，進行職稱評定，就必須在周密調查的基礎上，把握各方面的情況，諸如崗位需求，人員成分，職稱比例，群眾反映等等，這屬於象；了解各種職稱總指標，尚缺數字，各類可參評人數，學術技術水平高有影響的人數，參評人員年齡段的劃分，已往各下屬單位評定的數目等，這屬於數；吸取各兄弟單位和本單位已往評定職稱工作的經驗教訓，這屬於辭；領會上級文件規定的原則或歷次評定工作中有規律性的東西，如嚴格把關、標準量化、程序公開、適量破格等，可歸於義；並在充分掌握各種現象和數具的基礎上，對其進行細致地分析研究，根據已往的經驗教訓和規定的原則，作出判斷，定下實施方案，如確定評定規模，分配職稱名額，安排工作時間，以便具體操作，這應該屬於占。

由此看來，象、數、辭、義、占這五個方面，在職稱管理過程中是缺一不可的。舉一隅而三隅反，這五個範疇在所有管理工作及其預測決策過程中，都具有十分重要的方法論意義，我們不能不注意研究和加以吸取。

占筮的歷史評價

《周易》本來是一部占筮用的工具書，但是從春秋時候起，就已有人不把它僅僅看成是占筮書，而是直接引用其卦爻辭來說明一些人生哲理。到了孔子以《周易》教授弟子，就說「不占而已矣」，即不看重《周易》的占筮功用，而是注意分析、把握卦爻辭中所包含的一些道理。

《論語》中就記載孔子曾引用過恆卦九三爻辭「不恆其德，或承之羞」，以說明君子做事，應當有恆德，否則便一事無成。這種精神以後成為儒家解釋《周易》的一個基本原則，《易傳》即受此很大影響，到了荀子，更明確提出「善為易者不占」的論點。

《易傳》對《周易》的解釋，大體上依照著孔子解易的原則，對占法給出人文主義和理性主義的解釋，並且將《周易》視為一部講窮理盡性，包含了宇宙間一切道理——天道、地道和人道——的哲理書。並認為，人們通過《周易》了解了這些道理以後，便等於是找到了一把簡便易用的鑰匙，用它可以認識萬事萬物發展變化的趨勢，從而指導人們的各種行為。

《周易》和筮法，按《易傳》的理解，雖然含有理性主義的內容，推測未來的功能，但今天看來，其所謂推測還含有某些不科學的成份。這種不科學性主要表現在以下兩個方面：

首先，《周易》揲蓍成象的過程是一個十分神秘，要求所謂神示的過程。按古人的解釋，要得到一個卦象，必須對神十分虔誠，然後通過隨機性的過程，讓「上帝之手」指示出一個斷定吉凶的卦象。從占筮成卦說，某一卦象的求得，完全是偶然的。當我們將四十九根蓍草隨意分為兩堆，每一堆有多少草棍是一種偶然現象，依此而按一定程序求得的卦象與所占問的事情也沒有必然聯繫。這正像抽簽一樣，隨手摸來，究竟是上上簽，還是下下簽完全是偶然的。將這種偶然的結果當作必然性的結論，實際上就是把它看作是一種神秘的啟示。它並不具備現實的可靠基礎，因而也就沒有科學性。

其次，由於《易經》中的卦爻辭大都源於故事和過去占筮的記錄，所以從卦爻辭來看，是先於某一事情吉凶的判斷。但是在運用《易經》進行占筮活動時，所要預測的內容卻是多方面的，和卦爻辭所記錄的內容在大多數情況下是不相同的。雖然卦爻辭能夠給人們一些思想、行動上的啟發，但是不少情況下為了言明凶吉，筮者必須在兩個即使是毫無關聯的事情之間建立某種類比關係和聯繫，由卦之吉凶推知未來事物之吉凶。

我們知道，類比推理只有在同類事物或其某一屬性之間進行。而《易經》占筮卻在大量不同類之間進行類推，這就具有不科學性，即使偶然遇到同類的事物，由於具體情況的不同，也未必有可以類推的關係。用《周易》占筮方法算命、預測吉凶在很大程度上會流於牽強和附會。

依《周易》和筮法推斷未來的吉凶，雖然具有不科學性，但《易傳》對其所作的解釋，使其由迷信的推測向理性的預測方向發展，其中仍含有許多可貴的啟發性思維，值得借鑒。

首先，主張依事物變化的法則，即「變化之道」來推測事物未來發展的過程和趨向。《系辭上傳》說：「知變化之道者，其知神之所為乎！」又說：「夫《易》開物成務，冒天下之道，如斯而已者也。」此是強調聖人依據變易法則，推斷未來，確定努力方向，與百姓同憂；依《周易》所包含的天下之道，開通心思，確定所作所為，通達天下之志向，規劃天下之事業，推斷天下之疑惑，聖人的任務就是懂得天道之變化用來考察百姓的事情，推斷未來，作為民用之先導，發揚光大其德行。

此即《系辭傳》所說：「是故聖人以通天下之志，以定天下之 業，以斷天下之疑。……聖人以此洗心，退藏於密，吉凶與民同患。」

其次，《系辭傳》有云：「夫易彰往而察來，而微顯闡幽，開而當名，辨物，正言斷辭，則備矣。」即是說《周易》的功用是彰明過去的事跡，考察未來的變化，顯示微細小事來闡明幽隱之事。所以《周易》開釋卦爻之義，總是名當其實，物辨其類，言中其理，並斷之以吉凶之辭。這就將占筮活動轉化成一個邏輯化、推理化的較為理性的預測分析了。預測是依靠聖人的智慧，根據《周易》的言辭，進行推理，這樣就大大淡化了占筮的迷信成分。

其三，《系辭傳》又認為《周易》是包括天道、地道、人道的說明探索事物規律性的經書典籍。「易之為書也，廣大悉備，有天道焉，有人道焉，有地道焉，兼三才而兩之，故六。」「是以立天之道曰陰與陽，立地之道曰柔與剛，立人之道曰仁與義。」天運行的規律有陰與陽，地運行的規律有剛與柔，人類行為的規範有仁與義。把天地人作為一個統一的變化過程，作為一個大系統的運行來看待和考察。從而認為聖人作易的最終目的是「和順於道德而理於義，窮理盡性，以至於命」（《系辭傳》）。即依據《周易》的法則，遵循事物的準則，確定事物的分位，窮盡事物之理和所稟之性，以至於生命的終極。這樣把認識事物的本性及其變化規律進而提高人的品質和素質，作為推測未來，掌握命運的指導思想。

其四，尤其值得重視的是，《周易》推測事物未來的發展趨向，總是把事物放在世界的整體中，從系統的層次上，事物發展的相互關係中進行考察。從系統層次來看，六十四卦中每一卦的六爻組成一個最低層次的子系統，八卦、六十四卦又是一個層次依次上升的大系統，每一卦、每一爻都同上下左右其它卦爻有一定聯繫。

通過卦變，一卦象又與其它許多卦象發生相關聯繫，從而構成為一個複雜的網絡系統，形成一個嚴密的整體結構。推測事物未來的發展，就是從這個整體層次的相關性去分析。這就為現代預測決策提供了一種類似結構模型的方法。

所以，在某種意義和層次上來看《易傳》所探索的《周易》推斷未來的思想和方法的真諦，可能對指導今天現實預測決策具體過程，豐富發展現代預測決策思想方法有相當價值。當然，不是照搬古老的算命術，而是從中吸取關於預測思維的有價值的因素。

知來者逆：邏輯推理

一個正確的決策常常是建立於對系統未來發展準確的預測基礎之上，預測的目的就是為決策系統提供制訂決策所必須的未來信息。沒有正確的預測和預斷，就不可能在激烈競爭中通過採用科學的決策獲勝。

當今，美國的企業非常重視預測工作，通過預測發展新產品所獲得的利潤估計相當於預測投資的五十倍左右。

對於現代企業管理決策者來說，決策程序的第一步，就是通過調查研究和綜合分析而認識現在和預測未來。掌握現代決策技術對於一個具有較高專業素養的人來說，不是一個太難的問題，而最為關鍵的問題在於預測。

如果決策者對所需信息資料掌握較全面、準確、及時，如果對信息資料的分析實事求事而又符合邏輯，那麼，對未來的預測就會相對比較接近實際，對各種狀態的概率估計就會基本符合系統發展方向和趨勢，所作出的決策承擔的風險就會較小，成功的可能性就較大。

作為中國古代一部預知未來、推測變化的典籍《周易》，其推斷未來事物發展趨勢的基本體例和步驟就是：揲蓍求數，因數設卦，由卦觀象，依象系辭，以斷未來之吉凶。《系辭傳》說：「數往者順，知來者逆，是故《易》逆數也。」把《周易》這種方法稱之為逆數。

逆數就是倒著數。我國古人認為，數的變化能反映事物的變化，能掌握了數的變化，就可以反推出事物的可能變化。

《左傳・僖公十五年》：「物生而後有象，象而後有滋，滋而後有數。」認為事物、象、數的關係是：事物→象→數。而《周易》預測吉凶的程序是：「參伍以變，錯綜其數。通其變，遂成天下之文，極其數，遂定天下之象。」「聖人設卦、觀象、系辭焉而明吉凶。」其順序是：數→卦→辭（事物吉凶）。它正與客觀世界的事物→象→數的順序相反，所以要「逆數」。「知來者逆」，其實就是《周易》的預測論。

《系辭傳》說：「聖人設卦，觀象系辭焉而明吉凶。」如何明吉凶呢？在《易傳》之前，有變卦說，取象說、取義說。《彖辭傳》又提出爻位說（當位、應位、中位、趨時、承乘、往來）。這些體例和方法，往往結合起來，並運用經驗和推斷，解釋某一卦象的卦象和爻意。在這些體例中，不僅有定量分析，還有與之結合的定性分析過程。但是由於卦爻象與卦爻辭之間沒有必然聯繫，易數中的邏輯體系化只是一種人為的聯想。

不過這種「知來者逆」的定量定性結合的綜合分析、推測未來的思想方法是與現代預測學的思想方法也有相通的地方。現代預測方法種類很多，國外已提出的就已多達一百五十至二百種，真正在實踐中得到廣泛應用的約十五～二十種。其中有直觀型預測、探索性預測、規範型預測、反饋型預測、定型預測、模型模擬類預測等等。

雖然現代預測方法分類多樣，但總的來說卻可將之分為兩類，即定性預測和定量預測法。由於現代社會、經濟系統的高度複雜性和人的參與，導致許多不可量化的因素影響，使我們在預測系統未來發展趨勢時，必須將定量與定性方法有機地、靈活地結合在一起。

從這一點上來看，《周易》占筮預測的一套分析思維和方法與現代預測學的思想方法是相通的。它這種從數→卦→辭的「知來者逆」的分析過程，實質上包括從定量分析到定性分析兩個部分。分別介紹如下：

極數知來

《系辭上傳》說：「極數知來之謂占。」意謂用《易經》占筮，窮盡蓍草之數以成一卦，窮盡卦爻之數以觀其象，以求預知未來之事。又說：「極其數，遂定天下之象。」就是將五十根蓍草按照一定程序進行排列、組合，來確定卦象，以「象其物宜」。

《說卦傳》中也說：「參天兩地而倚數，觀變於陰陽而立卦」。是說有了奇偶之數，方有陰陽之卦象。所以，《周易》推測來事的第一步就是運數，即確立數據，從而確定卦象。而占斷的關鍵還是運數，通過對數的研究和分析，方能推知未來，這就是「極數知來」。

確立數據，對數據進行分析，亦即運數，具有普遍的方法論意義。此種方法運用於現代預測學之中，可以引申為定量分析。對任何事物未來發展的趨向，要想作出大體可靠的預測，都必須掌握與該事物有關的各方面的數據，並對此數據作出合乎規律的綜合分析。

比如天氣預報，必須掌握天空的雲量分布、空氣濕度、氣壓大小、氣流方向和速度等數據，對此作了周密分析之後，才能對天氣情況作出概率性判斷。

一個工業企業的年度預算，也必須是對其下年度的生產總量、原材料成本、能源消耗、設備更新、新技術開發、工資總額、福利基金以及物價上漲指數等進行定量分析之後，才能作出的，從來沒有哪個企業是靠廠長、經理拍腦袋一想或者算一卦作出的。

而第二次世界大戰後，美國鐘錶公司作出發展普通計時錶和美觀耐用錶的決策，就是運用定量分析的典範。當時該公司在大量調查的基礎上，將美國手錶消費者劃分為三類：第一類消費者希望購賣低價計時手錶，占手錶市場的百分之二十三；第二類消費者希望購賣計時更準而又美觀的手錶，占手錶市場的百分之四十六；第三類消費者則希望購賣名貴手錶，作為禮物或某種象徵，僅占百分之三十一。而當時幾家著名鐘錶公司都在瞄準第三類消費者。也就是說，那百分之六十九的消費需求遠遠沒有得到滿足。

根據這樣的定量分析，該公司決定，發展第一、二類手錶，結果大獲全勝，一躍成為世界上最大的鐘錶公司。這些事例都表明，《周易》的運數思維，在當代企業管理、社會管理及其預測決策中仍有重要價值。

彰往察來

《易傳》提出了一個重要命題，即「易彰往而察來」。「往」指卦辭和爻辭所記述的往事，「來」指將要發生的事，亦即所求問的事。「彰往察來」，就是彰明過去的事跡，察知未來的變化，也就是《易傳》所說的「神以知來，智以藏往」。《易傳》認為，卦象、卦名、卦辭蘊藏了以往事件的經驗和教訓，即使所記載的是極微小的事情，也包含有遠深的道理。「往」與「來」即過去和未來之事是相通的，其中體現了共同的法則，「往」在這個意義上有著重要的意義，從而「彰往」也具有重要的認知功能。

依據卦名和卦爻辭的論述的往事，可以類推所占問之事的前途。「彰往而察來」這個命題顯然是把占筮系統及其活動詮釋為基於歷史經驗和普遍法則的理性推理，從而把占筮迷信邏輯化、推理化了。所以南宋理學家朱熹（一一三〇—一〇八六）將這種方法稱為「推類旁通」，屬於類推思維。

近代學者嚴復（一八五三—一九二一）將《周易》中包含的類推法稱之為「外籀」，亦即形式邏輯中所說的演繹推理，根據已知之事及其所包含的公理推知未知之事。這是人類分析判斷事物所使用的一個普遍方法。現代預測學中所運用的趨勢外推法，就是此種演繹推理的邏輯方法的具體運用。

趨勢外推法是依據事物的歷史和現實資料，尋求事物發展變化的規律，從而推測出事物未來狀況的預測方法。依據歷史尋求規律，亦即《周易》所謂「彰往」，推測未來就是《周易》所說的「察來」。但是，由於此種類推思維的關鍵是從具體事件中抽取事物的其相，尋求公理即共同的法則或規律，而共相和規律總是隱藏在紛繁複雜的現象背後的，這就需要從大量現象中分辨出許多干擾信息，排除各種因素的干擾，從而抓住事物發展變化的本質特徵。這就是《易傳》所說的「探賾索隱」的過程。

探賾索隱

「探賾索隱」一詞也是《易傳》提出來的。《系辭上傳》說：「探賾索隱，鈎深致遠，以定天下之凶吉，成天下之亹者，莫大乎蓍龜。」認為預測吉凶，還要探討事物的複雜性，索求事物的隱晦，釣取事物之深奧，推致事物之遼遠，從而決定天下之吉凶，促成天下人之不倦亹（ㄨㄟˇ）奮勉前進。賾（ㄗㄜˊ），複雜多端，指紛紜雜陳的各種現象。隱，指隱藏在象內部的本質。「探賾索隱」，就是通過對複雜多端的現象的探討和研究，把握事物內部的本質特徵。這同樣是把占筮哲理化了。

我們知道，任何事物和過程，都有現象和本質兩個方面。現象是事物的本質在各方面的外部聯繫或外部形態。本質是事物的根本性質和組成事物的基本要素的內部聯繫。本質作為隱藏於現象內部的東西，是看不見，摸不著的，因此只能靠人的理性思維透過現象去加以把握。而現象總是極其紛繁複雜的，有同本質相一致的現象，也有同本質相反或扭曲的現象，即假象，而且有的現象稍縱即逝，不斷變換著自己的形態，從而給我們把握事物的本質造成了極大的困難。

那麼，怎樣才能通過現象抓住事物的本質呢？

首先，要在實踐的基礎上觀察大量生動的現象，盡可能地占有豐富的和真實的感性材料。這是實現由現象到本質的基本前提。只抓住片面事實，點滴材料，是不可能進入認識事物本質的大門的。

其次，必須開動腦筋，對大量現象以及它們之間的相互關係，進行科學的分析和研究。特別是要把真象和假象分辨開來，進而揭露假象所掩蓋的本質，就更需要下一番辯證思考的功夫。

其三，對事物本質的認識是一個不斷反覆，不斷深化的過程，不是一接觸現象就能抓住的，必須有堅強的毅力，付出艱巨的勞動。這個透過現象抓住本質的過程，也就是《周易》所說的「探賾索隱」。

透過現象抓住本質的方法，是一個具有普遍意義的科學的分析方法。《周易》雖然沒有對這種方法作出具體的論證和規定，但它們提出的這個原則卻有重要的指導意義，對於現代預測決策也是適用的。

這種「探賾索隱」的過程，雖然能夠推測出事物發展的大致趨勢。但是，對開放、複雜的人類社會、經濟系統而言，各種新的因素層出不窮，一些不可知的因素會引致許多意外事件的發生，會出現我們預期所估計不到的後果。

我們不可能完全預測到事物發展的所有可能，因而機遇和風險是一種客觀分布。但它們又不是不可捉摸的，我們可以通過對系統各種因素進行分析，發現系統中所產生的各種苗頭，從而在實踐中加以把握、利用、防範和控制，這就是《易傳》所說的「極深研幾」的過程。

極深研幾

《系辭上傳》說：「夫易聖人之所以極深研幾也，唯深也，故能通天下之志。唯幾也，故能成天下之務。」只有窮極事物的根本，把握住事物變化的各種可能的苗頭，才能通曉天下人的志，成就天下的事業。

所謂「極」，就是「窮極」，探求研討的意思；「深」，指事物的內在本質和規律；「幾」，指事物發展變化的苗頭、徵兆。「極深研幾」，就是探求和研究事物發展的規律和變化的苗頭，從而達到把握和控制事物發展方向，使之向有利的方面發展，而避免出現不利的結果。

任何事物的發展，由於受迅速變化的各種外部條件和內部因素的制約，總會隨時隨地出現一些新的趨向，以致改變事物原來的發展方向，導致與原來根本不同的結果。其中可能是一種可遇不可求的機遇，也可能是意想不到的風險，在人生旅途和各種社會活動中，總是機遇和風險同時並存的。它們僅是一種可能性。要想在這眾多的可能性中找到引向順利發展的轉機，而避免引向風險，就必須去研求，捕捉這種可能性，這就是「極深研幾」給我們的啟示。

對於現代管理者來說，「極深研幾」，就是要通過對事物發展規律的把握，在事物變化的先兆、各種微小的苗頭中預見到可能產生的後果，從而把好的可能性盡量變為現實性，把壞的可能性消滅在萌芽狀態，或引向新的轉機。這是預測決策的一項重要任務。由於這種可能性往往是隱藏的、微小的，所以這裡的關鍵是要「研」，只有精心研求，才能發現和捕捉到各種可能性。

這種可能性又往往是偶然出現或稍縱即逝的，所以，又要求管理者具有果斷的快速反應能力，這就是《易傳》所說的「見幾而作」。這個問題我們留待下一章「變通趨時」一節再談。

然而，事物的發展在很多時候並不是我們所完全能把握到的，社會、經濟系統由於有人的參與、多變量不確定性和高度複雜的相互作用，很難完全把握。這就是《系辭》中所謂的「陰陽不測」。

陰陽不測

《易傳》認為，剛柔爻象的變動沒有停止的時候，天地萬物的變化並非雜亂無章的，為吉為凶，都有其規律可循。但《系辭傳》又說：「陰陽不測之謂神。」「陰陽不測」本意是就爻象的變化而言的，在占卦前，我們不能預先斷定某爻必為老陽，或必為老陰。此種莫測的性質，《易傳》作者就稱之為「神」。同時，《易傳》認為，「陰陽不測」也是對天地事物而言，此即「神也者，妙萬物而為言也者」。自然界生化萬物的功能十分微妙，難於測度，此種性質就叫作「神」。後來易學家依此認為，雖然天地變化有其規律，但其陰陽變易又有神妙莫測的一面，是確定性和非確定性的統一。

如王夫之一方面認為，陰陽變易和事物的變化有其本然的過程和規律，人不能任意推測或任意曲解；另一方面又認為，事物的變易，因時間、地點、條件而不同，而且變易過程又無止境，所以其變化沒有固定不變的格式或程序，人不能以固定的模式規定事物的變化。

總之，在王夫之看來，陰陽之變易，從天道到人事，一方面存在著必然的進程，如從寒到暑，從少到老，有一定的程序；但另一方面，又存在著偶然的因素和突然的變易，有不穩定的一面。也就是說事物在變化過程中，一方面是不定中有定，一方面又是定中有不定。

這種不確定性原則的提出，就是承認人類所認識到的原則、規律和模式，不可能概括和窮盡世界變化的全過程，特別是對世界未來的變化不可能作出確切不移的結論。這種觀察事物變易的辯證思維方式，對於現代預測決策也有重要價值。

對於一個有人參與的高度開放的複雜的社會經濟系統，我們不能同時完全認識清楚其結構和功能，其不確定性的程度大於系統組織複雜性的某一度量。

在社會經濟系統研究中，系統結構和功能間的強烈的不可分的相互作用，又使得我們由結構推知功能和由功能推知結構都包含了不確定性。無論是在結構與功能，還是在系統的界定、影響因素的確認，問題、目標系統未來的發展等相互關係都是測不準的。

所以，從理論上講，社會經濟系統難於找到一直不變的恆定規律，我們也無法完全準確地確定其構成因素內在的數量關係。

但是測不準不等於不去測，因為現實生活的複雜系統又存在著相對穩定的一面，有一定的規律可循。人們必須認識和正確運用這個測不準原理，只能適應它，對付它，盡量逼進它，一味地追求準確的數量解是毫無意義的。正如諾貝爾獎金獲得者赫伯特·西蒙教授指出現實生活中不可能有最優解一樣，只有模糊的、可行的滿意解、合理解。

對於有人參與的複雜系統，能夠找到大致逼近的趨勢，某種滿意的合理的數量與邏輯關係，對今後的行動從整體上具有可行的指導與啟示意義就足夠了。

觀象玩辭：信息分析

在較為正確的預測基礎之上，就是決策分析和方案選擇，即通過對已建立的模型和外界各種信息、數據的運用，進行定量與定性的綜合分析，確立制定與選擇決策方案。對於現代系統管理而言，其過程遠未完結，還應包括方案的實施、反饋、修正、再實施的往復循環動態過程。用《易傳》的語言來說，在建立了對事物的模擬「象」以後，就是根據卦爻辭的歷史信息和現實信息進行綜合分析，所謂「觀象玩辭」，以推斷吉凶。

《系辭傳》中說：「君子居則觀其象而玩其辭，動則觀其變而玩其占，是以自天祐之，吉無不利。」即是說在得到某一卦卦象之後，首先通過分析卦象和卦爻辭來準確把握其實際含義，以了解吉凶。如果與預測及決策相結合，即相當於對已有信息進行分析，制訂決策方案的過程。下面我們就《易傳》和易學提供的資料，做一些具體的分析。

觀象製器

《易傳》認為，依據卦爻之象製造出器具是《周易》所包含的聖人之道之一。《系辭傳》說：「易有聖人之道四焉，以言者尚其辭，以動者尚其變，以製器者尚其象，以卜筮者尚其占。」這是說，《周易》包含有四種聖人之道：其一，卦爻辭是言論的依據；其二，卦爻的變化是行動的指導；其三，卦爻象是製造器物的藍本；其四，筮法是判斷吉凶的手段。照此說法，察言、觀變、製器是《周易》的主要任務，而占卜吉凶只是其職能之一。

根據這種觀點，《易傳》又提出了聖人觀象製器說，認為包犧氏作了天下之王，「仰則觀象於天，俯則觀法於地」，「近取諸身，遠取諸物」，於是模擬自然現象始作八卦，所以聖人依據卦象，發明創造各種器物，以便利民用。比如聖人看到渙卦象䷺，巽上坎下，巽為木，坎為水，有木在水上行之象，受此啟發，於是發明了舟楫。這就是「觀象製器」。

這種學說對於現代預測決策也有重要的啟發意義。所謂象，可引申為現象，即各種信息；所謂器，可引申為計劃、規劃與方案。「觀象制器」就是通過對各種信息及其相互關係，周密而詳盡地分析，制訂決策方案、規劃和行動計劃。任何決策的確定，計劃方案的制訂，總是在深入調查，儘可能多地搜集各種信息的基礎上進行的。

這些作為信息的現象又是極其複雜的。其中有真象也有假象，有明顯的也有微小的，有影響大的也有影響小的，有直接的也有間接的。

而要找出對事物的發展趨向起決定作用的因素，就必須對這大量的現象即信息作細致地具體分析，下一番去偽存真，去粗支精，由此及彼，由表及裡的綜合分析功夫，從而找出各信息之間的相互關係，從表面的浮泛的聯繫中區別出種種對待聯繫，再從中辨析出因果關係，最後找出基本的因果關係，從而把握事物內部本質的、必然的聯繫。只有經過這樣的分析功夫，才能正確地認識事物，並從中引出科學的判斷，作出符合事物發展客觀規律的預測和決策。這就是「觀象製器」給我們的啟迪。

「觀象製器」的中心在「觀」，即對信息進行周密地分析。而分析的重點又在於找出事物的本質聯繫。辨析其相互關係的目的就是要「製器」，即發明創造。因此「觀象製器」說的基本要求，是通過信息分析，啟發人們的創新意識，從而達到有所發現、有所發明、有所創造的目的。是否有膽識，有魄力，敢創新，敢突破，也是現代決策能否取得輝煌成果的關鍵所在。

因象明理

上節說，信息分析的重點在於找到事物的本質聯繫，用易學語言說，就叫作「因象明理」。

《易傳》認為，卦象及其所代表的物象，其中含有某種義理，或者以卦象來表達聖人的心意，所謂「立象以盡意」。因此，占筮時，依卦象推斷所問之事的吉凶，要對卦象進行分析，通過分析明瞭其中所涵蘊的義理，如乾卦象中的義理為剛健，坤卦象中的義理為柔順等，依其義理推論未來的吉凶。

宋代的易學家程頤將這條解易的體例，稱之為「因象明理」。象與理是占筮時所依據的信息。「因象明理」，是說，從卦象提供的信息中，闡明其中所涵蘊的本質或規律。這條原則，對於預測訣策來說，也是十分重要的。

大家知道，預測決策所依據的信息，大都是感性的資料，有真實的和虛假的，有有用的和無用的，有確定的和不確定的，零星片面，複雜多端，如果不進行信息加工，對感官所接受的信息加以識別、篩選和整合，不通過思維活動進行對比分析，歸納衍繹，綜合判斷，從中尋出規律性的東西，往往就會被表面現象所迷惑，不可能成為預測未來的依據。

預測不是現象的羅列和比附，而是依其本質和規律，考查事物發展的趨向，從而為科學的決策提供可靠的依據。因此，現代預測學都特別強調，要通過由表及裡的思維過程，把握作為表徵、標志事物發展趨勢和規律的「系統信息」。而且通過現象認識規律，也是一個逐漸加深的過程，要伴隨信息的變化，不斷提高對規律性的認識，此即易學所說的「因象明理」。

率辭揆方

《系辭傳》說：「初率其辭而揆其方，既有典常。」辭指卦爻辭，方即方向，率是順著，揆即推測揣度。「率辭揆方」，就是順著卦爻辭所說的事件和斷語，推測所占之事未來的發展方向。

這是認為，《周易》是講變化之道的，六爻皆可變易，沒有固定的常規可循。但就卦爻辭說，其中又有原則可尋，此即「既有典常」。爻象變化雖然無常，可是其吉凶斷語又有原則。我們可以通過卦爻辭的斷語推論事物的吉凶。這條原則，對預測決策說，也是有意義的。卦爻辭所涉及的內容，是先民在長期以來大量的占筮活動、社會、生活實踐中精選出來的事例，這些事例，既有關於國家前途與命運的政治、軍事大事，也有平民百姓經商、婚娶等悲歡離合的瑣事，是先民生活經驗和智慧的結晶。

用現代系統科學的語言來講，卦爻辭所構成的占筮解讀系統，就是一個古人多年積累起來的「專家系統」。通過對特定爻辭的分析，我們可以從中得到許多啟發，得到許多行動的指南。

在現代決策分析過程中，「專家系統」是「決策支持系統」的重要組成部分。由於社會經濟系統的複雜性，對系統的許多認識和把握，不能夠完全地運用簡單定量分析的方法加以描述。許多問題的解決需要經驗的作用，特別是對於一些較難解決的問題，更需要專家的經驗判斷。於是我們將各方面的，尤其是專家的經驗知識搜集起來，輸入電子計算機，然後根據客觀現實的具體情況，為決策提供信息分析和咨詢。在實際決策分析過程中，我們還常常運用一系列方法以充分發掘專家們的知識與經驗。這些方法中，常用的有專家調查法，請專家對要決策的問題進行會診。

專家調查法主要是組織各個領域的專家，運用專業方面的知識和經驗，根據預測決策系統的外界環境，通過直觀歸納，對特定系統的過去、現在的狀況、變化發展的過程，進行綜合分析與研究，找出其規律，從而對系統未來狀況和發展趨勢作出判斷。此即「率辭揆方」。

類族辨物

《象辭傳》解釋《周易》同人卦義說：「君子以類族辨物」。是說，君子善於分析事物之間的類屬關係。《易傳》認為，事物都歸屬於某一類、群，如《系辭傳》所說「方以類聚，物以群分，吉凶生矣」。是說，卦爻辭中的吉凶斷語，因物的類屬關係而不同。也就是說，預測吉凶，要辨別類屬關係。

在《易傳》看來，事物有同有異，或同中有異，或異中有同，因此而有事物的名稱和概念，以表示各自的規定性，此即《系辭傳》所說：「其稱名也，雜而不越。」此條原則，要求人們分析事物之間的類屬關係，用「類」概念考察與分辨事物的性質，屬於定性分析的思維方式。

天地萬物各有各的特性，但其中又有相同之處，相同屬性的事物構成一類。類是事物之所以可以溝通的紐帶，也是由一事物推論另一事物的橋樑。它標誌著人的理性思維的開始。

此種思維方式，對於現代預測和決策來說，也是不可缺少的。在預測和決策中，要辨別風向，抓住主流，必須對信息進行定性分析，形成正確的概念，作為區別得失的依據。或者將專家經驗運用一定方法分析整理，直至分類組合，構成專家「決策支持系統」。

在預測決策的實際過程中，人們所遇到的現象、信息或專家經驗都是多樣、零碎無章的。要想在這複雜現象的背後抓住事物的本質，找出其間的規律，首先要對每個個別信息進行具體分析，確定事的形象、性質、功能，從中抽出不同事物的類同之處，劃為一類，這就是分類。

只有通過定性分類，才能將複雜歸於簡單，將雜亂歸於條理，才能找到一條由此達彼的橋樑，也才能更容易找出事物之間的本質聯繫，為預測決策提供可靠的依據。所以，現代管理學中十分推崇定性分析和優化篩選。這個方法的理論基礎就是分類和類推思維。用易學的語言說，就叫做「類族辨物」。

原始要終

《系辭傳》說：「《易》之為書也，原始要終，以為質也。六爻相雜，唯其時物也。其初難知，其上易知，本末也。初辭擬之，卒成之終。」此是說，一卦六爻，從初爻到上爻，是一整體。初爻表示事物的開端，上爻表示事物的終結，初爻的爻辭難於理解，上爻的爻辭很容易理解，但從初爻到上爻，存在著因果的聯繫，此即「原始要終以為質也」。此種對一卦六爻的解釋，體現一種過程思維，認為事物的發展變化，可以分為幾個階段，各階段之間，又存在因果關係。

考查事物的變化，不僅要「原始」，而且要估計其後果即「要終」。這對預測和決策來說，也是十分重要的。

從現代決策的觀點，要得到一個較佳的決策方案，必須從整體上、過程上把握系統的結構和變化，從系統發展的歷史、現狀來分析其未來。決策方案必須言之有理，推之有據。而理和據都是從對系統發展的過去、現在的各種狀態分析得來的。這與易學強調原始要反終，從事物發展的開始入手，把握其全過程的思維是一致的。

對系統發展的整個過程進行分析，是決策分析的重要方面。特別是在企業投資、工程項目、基本建設等各種決策問題的可行性研究中，過程分析更是不可忽視的重要方面。其中產品壽命周期法，是典型的過程分析方法，在市場預測中應用極為廣泛。

產品的壽命周期是指從產品開始投入市場，直到被市場淘汰所經歷的全過程，產品的壽命周期可以分為：試銷期、成長期、飽和期、滯銷期等幾個階段。不同的產品，壽命期曲線不一樣，日用消費品、服裝發展迅速，更新淘汰也快，周期短。機械設備投資大、產品的試銷、成長也需要較長的時間，被市場淘汰的速度也很緩慢，因而周期也較長。要投資生產一項產品，就必須正確地判斷它在壽命周期中所處的位置點，估計其後果。

這就必須對市場過去、現在的狀況進行統計分析，搜集所必須的數據，作出壽命周期曲線，進而確定所開發產品在其壽命周期的那一點上，為投資、開發策略的確定提供充分的依據，確定合理的項目投資、經營與發展規模。總之要做到「有始有終」，不能不顧產尾。

觀變玩占：最佳選擇

《系辭傳》說：「是故君子居則觀其象而玩其辭，動則觀其變而玩其占。是以自天祐之，吉無不利。」這在易學中講的是君子學習《周易》之方法。意思是說，君子閑下來就觀察卦象，分析卦爻辭的意義，動起來就觀察卦爻象的變化，玩味其占語。希望從中能把握天道，加以運用，從面得到吉利的結果。這就好像是對管理學中最佳方案選擇的過程。一般來說，人們在最初可能要制訂多種行為方案，然後根據具體情況及條件的變化，從中選出最優者。這種選優活動是決策所包含的重要內容之一。

✖天下之動貞夫一

易學認為，天下事物的運動及變化有其共同的規律或法則，這便是《系辭傳》所說「天下之動，貞夫一者也」。認識了這些規律或法則，便可據此去觀察、處理變化的事物了。

把這個原則運用於現代管理，就是要在依據不斷變化的具體情況來選擇最佳方案時，也必須使決策符合其事物發展的客觀規律。這就要求人們特別注意建立評價標準及評價指標體系，以作為選擇的基礎。一般說來，在現實決策過程中，尤其要體現以下幾個原則：

一、目標準則

衡量一個方案的好壞，判斷一個方案的作用、效果、益處和意義，首先要以是否能夠達到一個確定的目標，或者實現目標的程度作為評價的標準。但在現實管理決策中，目標往往不只一個，有主有次，而且每個目標都需要許多數量化和非數量化的指標來反映，因此確定選擇標準便成為一個較為複雜的過程。不過確定選擇標準，應取決於具體的情況和具體的需要。

例如，一個企業在解決生產所需要的某個零件時可以有自產與外購兩個方案供選擇。這裡至少應考慮成本、質量與穩定供應三個條件，也就是有三個目標。假定當時的情況是自產零件成本低，質量稍差，但可以保證穩定供應，而外購則成本稍高，貨源不十分保險，但質量稍好，兩個方案各有利弊，如何確定價值標準？就應分析企業所處的內外部條件和要求。如果企業決策者認為自產產品質量雖稍差，但一般能滿足需要，企業的主要困難是成本高而利潤低，那麼就把成本放在第一位而選擇自產這個方案；如果企業當時面臨關鍵問題是產品質量差，無法同其它企業競爭因而滯銷，那麼就選擇外購這個方案。

另外，通過層次分析法進行分層目標結構分析，找到上一層目標，分析這兩層目標之間的關係，其選擇標準也就易於確定了。還應注意到，目標不僅是多重的，而且又是變動的，因此，最佳方案的選擇也應該是動態的，必須隨著目標的變動而變化。

二、最優標準與滿意標準

從理論上說，所選擇的方案越接近原定目標越好。西方管理學、經濟學觀點認為，在經濟活動中決策者遵循的原則是如何使收益最大，或如何使成本最低。即在可能的所有範圍內進行最優選擇。

但是，要使決策標準完全達到最優的要求，決策的目標必須數量化，所有可能的方案都必須全部找到。而且每一個方案的實施結果必須全部預先知道，並且能確立一個絕對擇優標準；決策也不應受時間的限制。

但是在現實管理決策中，同時滿足這些條件的情況卻不容易找到。因為現實管理決策中是多目標的，並有非數量化的目標存在；同時我們不可能全部搜集到有關決策的信息，又因為受經驗與知識的侷限，因而無法窮盡所有的可能性；加上經濟系統活動目標之間的衝突性和決策的現實時效性，而使最優化方案往往找不到，或無法取得各方面的認同。所以，在實際管理決策過程中，最優原則只是一種較為特殊與極端的表現。因而現代決策學在一定程度上對決策方案的選擇從最優化轉換到最滿意的標準。

任何一個決策者要求能夠有一個方面滿足的有限目標。任何一個選擇出來的執行方案只有有限的合理性。所以，現代企業管理決策思想開始逐漸地從理論上、邏輯上由追求最優，轉化到追求滿意。

三、不確定情況下的選擇標準

在確定情況下做決策時，一個方案可以產生幾種可能結果。在這種情況下的選擇準則，還應增加一個如何對待不確定結果的準則。這實際上是一種風險型決策。

例如，在企業管理中生產量的決策問題，由於市場狀況非生產者能夠控制，也無法準確預測，這就給決策中方案的選擇帶來了困難，如何確定方案的優劣標準呢？在風險型決策中一般用到的是期望值準則，即選擇期望值最優的方案。期望值就是用概率加權的平均值，有關的詳細的方法過程這裡就不一一述說了。

擬議以成變化

《系辭傳》有一段話說：「聖人以見天下之賾，而擬諸其形容，象其物宜，是故謂之象。聖人有以見天下之動，而觀其會通，以行其典禮，系辭焉以斷其吉凶，是故謂之爻。言天下之至賾而不可惡也，言天下之至動而不可亂也。擬之而後言，儀之而後動，擬議以成其變化。」

就其本義來說，這是講《周易》的卦象和卦爻辭都是客觀事物的反映，表現了事物發展變化的基礎原理。其中「賾」是複雜之義，天下的事物很複雜，聖人模擬其形象，以作出卦象。天下的事物是變動不居的，聖人觀其秩序，變化爻象，於爻象之下加上爻辭，說明變化之趨勢，以明吉凶。

這樣一來，就使複雜的事物都有類可從，雖變化紛紜而不會混亂。因此，聖人遇事不可妄言，不可妄動，應模擬事物的形象，效法事物的變動，而後調控事物的變化。這裡強調的是主觀的東西應以客觀事物為依據，依事物之變化而變化，不能先入為主。這種「擬議以成變化」的觀點，反映在現代決策學中，就是動態決策和動態實施的觀念。

動態決策亦稱序貫決策。它要求的不是只選出一個方案，而是選出分別代表各個順序階段的一連串決策方案，或是找到表示一個時期內連續變化的一條控制變量曲線。凡是一個複雜的決策問題先後關係，又有效果方面的依賴關係的幾個階段的一串決策問題。

在管理、戰略決策中，所處理的問題往往要同時考慮一系列決策。前一個決策的結果會直接地影響到後一個決策，因此，在作出各個決策時一方面要考慮它對以後的影響，另一方面還要考慮外界因素與環境的變化。

如在企業發展中投資決策，新產品研製開發決策，設備更新決策等等，前一階段的決策和計劃和後一階段密切相關。在決策中，由於時間因素和變動的不確定因素的增多，使動態決策顯得更為複雜。一般常用的動態決策方法，有動態規劃和決策樹模型法。

動態規劃法的核心思想，就是把一個大的複雜決策問題分解為前後有序的幾個小決策問題。這個多階段的決策序列，最優化的實現要求各階段採用某方案所得到的收益，加上所採用該方案的條件下，以後各階段的最優收益，構成一個收益總和。從這些收益總和中，選出能產生最優總收益的那個本階段方案，就是本階段的最優方案，這種方法以一段時間整體上考慮到了各階段決策方案，對下一階段的影響。

決策樹模型法就是按各決策方案，實施後的客觀狀態以及所造成的後果按邏輯順序從左向右橫向展開，然後把每個階段的決策樹聯繫在一起，從而形成一個枝葉繁茂的大樹，然後計算其期望值，最終選擇一條最佳決策戰略。

上面兩個動態決策方法都假定事物發生的概率在各個時期是不變的。但在實際情況中概率卻往往隨時間變化而變化，「成變化」就是要適應這種變化，只有真正適應這種變化，才能得到最佳的整體效果。因此，我們又在動態規劃和決策樹模型中增加了轉移概率的分析。

關於這方面的分析操作方法較為複雜，這裡就不詳述了。

在決策實施之中，特別是戰略方案的實施更要考慮因素變化發展。在具體過程中，首先要圍繞著已經確定的大目標，進一步提出各階段的小目標，逐步實施完成，逼近大目標；其次在每一個戰略階段中，都要制定具體可行的措施，做到人員落實，物資落實，時間落實，辦法落實，並擬定各種應急方案；注意信息反饋，根據新情況、新問題，及時地調整、修正、補充原有的決策方案。

美國有一個企業家名叫羅伯斯。他生產經營的「椰菜娃娃」玩具，銷路很好。差不多銷到了全世界每個國家。其實原來他涉足玩具業時是意欲發展大型、機械化的玩具，但因製造成本太高，價格太貴，生產工藝太長而使企業面臨困境。後來他發現隨著現代化的不斷深入，美國社會的人際關係危機不斷，家庭關係濁流洶湧，頻繁的離婚，給兒童心靈造成嚴重的創傷，父母本身也失去感情寄托。

因此，兒童玩具逐漸從「電子型」、「益智型」向「溫情型」轉化。有見於市場這種變化趨勢，羅伯斯果斷地改變了原來的方案，開始設計別具一格的「椰菜娃娃」玩具，這種玩具意為「椰菜地的野孩子」，千人千面，有不同的髮型、髮色、容貌、服裝，飾物，正好填補了人們感情的空白，銷售額直線上升，使公司起死回生，業務迅速擴大，他也成為美國最出名的玩具經銷商之一。

審時度勢，以變制勝，在現代經濟競爭中是一條普遍的原則，現代經濟是一個適應外界環境的開放式複雜大系統，要和整個社會環境進行信息對流和能量交換，既要受外部政治、經濟、技術、文化等各種因素的制約，同時也要受內部各種經營資源和從屬系統的影響。所以，它必須適應這種變化的環境，其決策方案與執行過程也必須適應這種變化。

「永遠變化」是當今企業面臨的一條規律。因此現代管理決策者應當記住，沒有永遠有效的決策方案，沒有普遍適用的經營策略。要使自已在多變的市場中立於不敗之地，就必須根據不斷變化的需求，同時把握競爭對手的變化，不斷採取對策先變於人。

這方面，杏花村汾酒廠變化發展歷史既有教訓又有經驗。他們原來認為汾酒屬於老名牌「關上門子有人敲」，因而不注意包裝和增加品種。由於國際市場上白酒的發展趨勢是低度、高級、多品種，許多國內的名酒已將度數降到五十度，甚至五十度以下時，汾酒廠到一九八三年還是六十五度。而其手榴彈似的包裝又使得消費者開始反感了。

消費者的心理是在不斷變化的，如果不隨著這種變化而變化，今天時髦的產品，明天就可能成為過時品。在這種認識基礎上，他們制訂了新的策略；在產品質量上保持高水準，在品種和包裝上大力突破，先後生產出從三十五～六十五度的白酒，並用最新型的陶瓷包裝，為不同階層人士都設計了適合其特點的產品，其產量是年年上升，產品銷售額，利潤不斷提高，企業飛速發展。

總之，不管是在決策制定和實施過程中，我們對決策方案必須根據具體條件，具體情況的不同，適時調整甚至改變原定計劃，時時密切注視時勢的現狀和變化態勢，根據客觀需要，將決策建立在現實的客觀條件之上，才能立於不敗之地。

據中爻辨是非

我們知道，《周易》的六十四卦，每一卦都有六爻，而且分別由上、下兩卦構成。如泰卦卦象，其下卦為乾，上卦為坤。這樣，當六爻中就有兩個爻分別居於下卦和上卦的中間位置，這便是第二爻和第五爻。

一般說來，中爻的爻辭大多是吉利的，這種現象，被《易傳》所重視，且認為是《周易》占筮的一個原則。

《系辭傳》更概括說：「若夫雜物撰德，辨是與非，則非其中爻不備。」即是說，一卦中有許多爻及爻辭，但一卦的卦義及吉凶，卻主要由中爻即二五爻來決定。因此，易學十分推崇中道。

所謂中，就是不偏不倚，既不過分，又無不及，將事物各個矛盾的方面處理得恰到好處。而中又是與時相聯繫的，從而把「時中」即因時而行中道作為人的行為準則。這種思想反映到決策思想中就是強調計劃的周密性與穩妥性，認為一個良好的決策方案不應是一個偏激的方案，要照顧及系統發展的每一個過程和每一個方面。在決策中如同易學所謂的「險在前也，剛健而不陷，其義不困窮矣」。是說，遇見險境，在沒有充分把握時，不去冒險，必須靜待時機。這樣才能避免陷入困境。

這種不偏不倚，強調扎實與穩妥，步步為營，打好基礎，穩健前進的決策思想，在現代決策學中也有所反映。雖然，在決策中我們有時也要求面對困難和危險知難而上，勇往直前，但是，這種冒險必須建立在周密的決策分析、充足全面的信息資料、雄厚的實力和良好的心理素質基礎之上的。

決策學所有研究的方法都是為了避免決策的草率性，增加決策的可靠性和科學性，從而降低在實施過程中的風險。

真正的決斷，不僅表現在快速地作出決定，而且表現快速、周密地進行決策分析、制定決策方案。從這個意義上看，講求果斷與決斷，不如說是在要求最短時間內周密方案的制定和實施，抓住時間這個關鍵因素。

美國福特汽車公司前總裁李・亞科卡說得好：「假如你已經掌握了百分之九十五的事實，但是要得到其餘百分之五卻要用六個月。然而到那時，你所掌握的情況都已過時了，因為市場的變化已經走到你的前面去了，現實生活就是如此，關鍵在於掌握時機。」

掌握時機，就是加快決策分析的速度，提高周密認識把握問題的能力和素質。但歸根結底，如果沒有對百分之九十五事實的周密分析與掌握，沒有一個適當、可靠的計劃為基礎，就不可能冒險與決斷，也不可能有必勝的信心和毅力。這也是易學所說因時而取中的思想。

「時中」的思想還表現在我們制定決策方案時一定要系統，要考慮到系統的多各種千變萬化、複雜交織的矛盾，在執行中要兼顧各方利益，不要為了一部分局部的利益而放棄整體的、長遠的利益。這部分在整體運控原則中已經述及，這裡就不再詳細分析了。

總之，《周易》的決策思想強調中道，或者說特別看重平衡，強調事物各方面的互補，即所謂陰陽協調，剛柔相濟，和諧一致。只有這樣的決策方案和執行方案過程，才能夠使我們立於不敗之地。

不可爲典要

《系辭傳》說：「易之為書也不可遠，為道也屢遷，變動不居，周流六虛，上下無常，剛柔相易，不可為典要，唯變所適。」這本是對《周易》筮法而言。強調爻象是不斷變化的，在一卦六位之中，或上或下，構成不同的卦象，而且其變化並沒有固定的模式可以遵循。人們只能注意、觀察其變化，以判斷吉凶。這段話其時也可以說是對《周易》基本原理的一個說明。

這種「不可為典要，唯變所適」的思想，也適用於預測決策。在實際預測和決策過程之中，任何機械的引經據典，因循守舊都不可能有滿意的結果，預測與決策的關鍵就是機智靈活地分析處理信息，審時度勢，切不可拘泥於任何形式的模式和方法，這就是「唯變所適」。所有的一切預測與決策方案都必須在現實中得到檢驗，在現實實施中反覆修正。

「不可為典要」也為我們提供了一個思路，就是做任何事情都要留有餘地，不能把計劃、方案、目標定得太滿，束縛人的手腳。

從現代預測決策學來看，雖然我們運用到了現代系統科學思想方法，運用多學科的知識和手段進行綜合的決策分析，還是不可能將所有的可能性與風險性全部考慮進去，而且隨著時間的推移，許多新因素又不斷地滲入，以至於我們決策分析所做的一切，在現實執行中都具有連續的不確定性，我們所提供的一系列決策分析的方法，不能從根本上保證決策方案的絕對正確，只能將決策過程的不確定性、不科學性的程度降至最低。

因此，決策必須充分留有餘地，為決策實施過程中隨時加以調整保留一定的契機。這樣也有利於調動各方面的積極性，對前途充滿希望。

「不可為典要」的原則還告訴我們，預測決策不可能提供一套絕對正確可靠的優化方案或普遍適用的模式，而主要是提供一套分析理解和解決問題的新思路與新方法。

誠如美國決策學家 R.O.Mason 所說的那樣：「在我們看來，政策、計劃和規劃制定人員的任務不在於找到一種對任何情況都適用且最優的方法和模式，而是要找出各種因果與因素之間的相互依賴關係。」

決策學給我們提供了這樣一些方法，但如果我們把運用這些方法本身作為目的，而忽略了變化世界的多種發展可能性，那麼決策學也就成為一種教條，而教條式的所謂科學方法在現實實踐中是沒有任何生命的。

現代決策學最強調的就是靈活與機動的運用決策方法和工具，根據實際情況的變化處理好理論與實踐之間的矛盾。這也就是易學與現代決策學所共同強調的一點，預測決策過程中必須「唯變所適」，必須「不可為典要」，這是管理經營與決策的核心。

吉凶者貞勝：價值原則

《系辭傳》說：「吉凶者，貞勝者也。」「貞」，正，指正道和常規。是說，持守正道或常規，才能化凶為吉。《易傳》認為，人的吉凶禍福是同其品德的高下聯繫在一起的，成功與失敗同個人的修養是分不開的。

《文言傳》說：「君子進德修業，欲及時也，故無咎。」占筮的目的是趨利避害，但必須符合正道，方能受到益處。《文言傳》解釋「利」說：「利者，義之和也。」是說求利不能脫離義。此是將價值原則引入占筮的活動中，主張德業並舉，義利雙修。此條原則，被宋代的易學家張載闡發為「易為君子謀，不為小人謀」。是說，品質敗壞的小人，休想從占筮中得到好處。總之，在《易傳》看來，遵循正道是推測吉凶的最高準則。

這條原則對我們今天進行預測和決策，也有重要的意義。

在現實社會、經濟系統中，我們所研究的預測決策問題，特別是現代企業管理與決策的問題，所涉及與關聯到的是多方面、多種類、多層次的問題。任何一個企業的管理預測與決策，都與整個社會經濟系統、各層次子系統及各種因素有著十分複雜的關聯。雖然每個預測決策的具體種類不同，在大系統中所處的層次不一樣，情況有別，關聯與作用呈現多種多樣，但對任何一個企業的預測決策過程，都必須是在整個社會、經濟系統之下的運行。因而必須遵循整個社會系統變化的整體規律。

在方法論上遵循一系列合乎經濟運行、發展的規律的準則。而且，在現代企業預測決策過程中，不僅要把企業發展放在社會經濟系統的整體中進行思考，而且還要將之放在自然系統與人類社會系統相互作用方面去思考。

當今隨現代工業迅速發展，環境污染問題日益嚴重，環境問題已是任何一個企業在發展中必須考慮的問題。在發展經濟的過程中，如何協調人與自然的關係，已經是現代企業發展所無法迴避的問題了。任何一個企業發展的決策都必須遵循自然發展變化的規律，減少環境污染，才能從根本上促進經濟發展和人類健康狀況的改善。

同時，現代企業又是以人為核心的複雜系統，企業預測的整個過程都受到人的價值觀、道德觀、利益觀等多種因素左右。這就要求在預測決策之中必須有一個公認的、合乎社會規範的價值評判標準。這種標準有別於單純的經濟趨利原則，必須是在某一個集團利益基礎上，與整個社會中各種人的利益大致相符合的原則。如果沒有一個正確的標準，或在錯誤的標準指導下，作出的預測和決策是注定要失敗的。這就是《易傳》說的「吉凶者貞勝也」。

一般說來，因為考慮因素的多樣性、複雜性，一個現代企業的高層次戰略的決策，是一種多目標、多準則的群決策。

多種準則意味著我們在預測決策過程中必須在研究思想方法論上遵從自然科

學、社會科學中的客觀規律，必須遵循一定的社會倫理、道德之價值評判準則。多目標，就是由於企業所處的複雜社會經濟系統決定了任何一個企業發展的戰略決策目標，都不僅是為了單純的趨利原則，不僅是單純的經濟目標，還必須兼顧社會、環境等多種目標。

因為這些長遠的、多目標、多準則的決策過程涉及到許多方面，決策的每一個階段，都需要許多人的參與，雖然決策方案的取捨最終要由最高層的某個決策者來決定，但整個過程，實際上已經成為許多人互相配合協調的整體過程，因而在這個意義上的決策，又是一種群決策的過程。

現代企業戰略決策的多準則性、多目標性、多群體性，使決策過程呈現十分複雜的狀況，一方面由於諸多準則、諸多目標之間不可能完全互相協調，有時還存在十分激烈的衝突。

如一個企業在決定改進生產設備、提高生產效率的同時就必須考慮如何安置富餘人員，如何使這些人不會成為社會的一種壓力，這在許多情況下是矛盾的。其他諸如發展生產與環境污染，破壞自然地理景觀等等矛盾也比比皆是。

另一方面，由於社會系統的複雜性，因素的易變性，特別是觀念、行為方式的變化，又使我們不可能完全地預測到一個決策方案可能帶來的各種結果，社會經濟系統中的不可控因素，特別是激烈的市場競爭因素，使我們所作出的任何一個決策方案，都具有一定風險性，決策所涉及的範圍越大，影響面越多，這種風險性就越大。

為了合理地處理各種準則、目標之間的相互關係，提高決策效率，降低預測決策中的風險性，最重要的就是必須在預測決策過程中遵循一定的方法論原則和價值準則，並把它放在預測決策整個過程的首要地位。

在預測與決策的方法論、價值原則方面，我國古代易學思想給我們提供了許多值得在現代企業管理決策吸收的有益觀點。

曲成萬物而不遺

《系辭傳》贊美易道的廣大說：「範圍天地之化而不過，曲成萬物而不遺，通乎晝夜之道而知。」是說，《周易》講的變化法則，貫穿天地人各方面，聖人應從範圍天地，曲成萬物的視野，即從客觀的高度考查事物的變化。

《系辭傳》又說：「夫《易》廣矣大矣，以言乎遠則不御，以言乎邇則靜而正，以言乎天地之間則備矣。」這也是說，易道廣大，遠近之事無所不包，要求人們從宏觀的角度考查事物的變化。

宏觀意識也是整體系統思維，在易學中情況鮮明。如在觀象玩辭、觀變玩占的過程中，更是強調從整個事物發展的全局、系統的各個方面綜合分析，以做到相對公正、客觀的預測分析。

這就是所謂的「不謀萬世，不足謀一時；不謀全局，不足謀一域」。這種整體意識對預測，特別是決策，有重要的指導意義。

現代企業經營管理活動中，整體長遠的企業發展戰略的制訂，是企業發展中的頭等大事。現代企業處在科技、經濟、社會迅猛發展的時代。處在廣泛分工、密切協作、社會聯繫空前複雜、社會競爭空前激烈的時代。

隨我國經濟體制改革的深入，社會主義市場經濟的逐步形成，我國的企業管理已從過去單純的生產型轉變為生產經營型，由執行型轉變為決策型，由半封閉型生產轉化為開放型的生產經營。企業必須主動去適應市場的變化，抓住激烈競爭中稍縱即逝的良機。

因此，作為一個現代企業的決策者必須從整個國際、國內市場出發，對企業的生產、銷售、經營作長遠的、系統的思考，從整體上去把企業的合理的經營目標和經營方針，確定一個企業經營範圍和規模，選擇企業合理的組織結構、管理體制，從而從根本上調動職工的積極性，從整體上促進企業的發展壯大。所以經營戰略是現代市場經濟發展的必然要求，是企業生存發展所必需的。

在國外，各大企業早就把戰略經營決策規劃放在十分重要的位置。據美國科學家捷思茨統計，一九四九年美國企業進行長期規劃的為百分之二，但到了一九七〇年，斯坦福研究所的調查結果表明這個比例已達百分之百。一九六三年，日本經濟新聞社也做過類似的調查，這個比例達百分之九十七。可見當今世界各大企業無一例外地高度重視企業戰略經營規劃。

現代市場經濟發展，要求企業高層次管理者必須把自己的主要精力用於戰略思考、制定和推行戰略上來，八十年代初，西歐曾對一些企業高層領導人的時間安排作調查的結果表明：他們百分之四十的時間用於企業的經營戰略方面；百分之四十用於處理與企業有關的各方面關係；而只有百分之二十時間用於處理企業的日常事務。英國通用電器公司的董事長威爾遜曾說：「我整天沒有做幾件事，但有一件做不完的事，就是計劃未來。」

現代企業正確的戰略經營決策是建立在對市場、產品正確的預測基礎之上的。預測是為戰略經營方案的制定和決策實施服務的。現代企業是一個複雜的開放系統，其發展必須服從市場需求，考慮到競爭對手，而這些又要受到政治、經濟、技術、文化、自然等多種因素的影響。因此，要準確預測未來市場變化趨勢，產品、技術的發展方向，就要求決策者必須有整體意識、宏觀意識甚至是全球意識，既要從全局上把握發展趨勢，又要有層次性，兼顧各方面因素從全局進行思考，分清各種影響因素的輕重緩急。如《易傳》所說，要有「範圍天地之化而不過，曲成萬物而不遺」的胸懷。

美國的汽車工業之所以在八〇年代被日本所擊敗，就是因為美國汽車工業忽視了能源這個因素對未來汽車消費市場的影響，在石油危機到來時，許多汽車廠家還在閉門造車，堅持生產耗油量高的大型轎車。

一個企業只有著眼於整體、長遠，對未來發展作出準確預測，才能制訂正確的戰略長遠發展計劃，從而占據主動，保持領先。因此，戰略經營預測和決策，必須體現出未來意識和超越意識，發展未來的潛在市場和新產品、新技術的巨大潛力，才能制定出正確的發展戰略規劃。

在對產品、技術、市場發展方向有一個較為客觀、正確的預測分析基礎上，必須對企業發展作出長期的戰略籌劃。日本日立公司的總經理小平曾要求公司的戰略決策研究人員時說：「請你們在進行研究時，要考慮到十年、二十年以後的情況。」也就是說，要把未來市場、技術、產品的發展趨勢考慮進去，才能使公司在激烈的競爭中始終保持技術和戰略的領先優勢。

日立海外貿易系統通過二十多年的建設，至今僅日立製作所一家就有一百八十多名駐外人員，其系列公司有二百五十名駐外人員，加起來共有四百三十人，在全世界設有十八所營業所和四十八個貿易小組。這些小組活躍在世界各地，為戰略決策規劃提供了大量和詳實的第一手資料。

得失喻於善惡

《系辭傳》有云：「吉凶言乎得失」，「變動以利言」。即是說判斷一件事情的吉與凶是看在發展中能得到什麼，失去了什麼，得到和失去的相比誰多誰少，有沒有可能獲得最大的利益。

在現代企業戰略經營決策中就是趨利原則，即力求投入最少，最大限度地節約資源，並且使所冒的風險最小；從而爭取最大的效果，儘可能圓滿地實現各種戰略目標；並力求用最短的時間取得最大的效果，達到最高效率。當然這種趨利原則是建立在系統的整體、發展基礎之上的。「利」也是廣義的符合系統整體利益和長遠利益的。如《易傳》所說：「利物足以和義。」

不過，《周易》所謂得失卻不僅僅是表現於直接利益上的，除此之外，它還有更重要的內容，即道德上的得失。

清代的易學大師王夫之解釋吉凶說：「於其善決其吉，於其不善決其凶。」又解得失說：「易之為書，言得失也，非言禍福也，占義也，非占志也。」此即「得失喻於善惡」，即是強調得失必須從善惡方面來衡量。合乎道德的得，才是真正之得。此是闡發儒家的傳統。孔子和孟子都強調，人們獲取財富必須以仁、義為前提，不合乎仁義則不取。

《易傳》繼承了這種觀念，故非常重視把功業與德行相提並論。

如《系辭傳》論易道說：「顯諸仁，藏諸用，鼓萬物而不與聖人同憂，盛德大業至矣哉。富有之謂大業，日新之謂盛德，生生之謂易。」此中，仁指德行，用指功業，二者即後來所說之盛德大業。這是說《周易》的基本原理是把盛德和大業統一在一起的。

《易學》的此種觀念，應用於現代管理學中，就是要求人們在預測及決策中，不應僅僅注意直接的經濟效益，而且更要看到社會效益。這樣才會獲得長遠的利益，如果僅追求經濟效益，而忽視社會效益，那麼經濟效益必不會持久，必會受到懲罰。

任何一個企業、任何一個決策者，經營決策的目的都是為了取得最大的經濟效果，但在具體的決策過程中，對經濟效果的判斷則不一樣，考慮問題的方法、角度不一樣，取得的實際效果差異十分巨大。

有一類決策者，完全依照企業局部、短期經濟得失的數量大小來進行決策，而不考慮整體和長遠的利益，有時甚至為了短期經濟利益不惜採取虛假廣告宣傳，製造假冒偽劣產品，損害消費者利益的作法，最終不僅損害了消費者，也損害了自己。雖然在短期內得到較大經濟利益，但是，這種企業最終是要被逐出市場的。

市場競爭中的效用，最大的受益者應該是消費者，只有做到了從整體出發，從消費者切身利益考慮，企業才會有正確的決策和經營原則，企業才會在激烈市場競爭中站穩腳跟，並得到消費者的支持，從而不斷發展壯大。

此即「得失喻於善惡」。只有從整體、宏觀、長遠，從社會效益、從消費者利益來考慮，把這些作為決策經營的重要準則，企業才能從巨大的社會效益中最終獲得最大的經濟效益。只要做到了這一點，再加上嚴格的企業管理和有力的銷售策略，即使一個很小的企業，也會在較短時間內迅速發展壯大，但如果忽視了這一點，即使是一個很好的企業，也會因這類短期行為而一敗塗地。這就是決策經營中的效用價值原則。

上海蒙華日用化工廠就是一個典型的例子。該廠與香港蒙妮坦美髮美容集團的下屬公司——香港美髮美容製品有限公司合作，由港方提供技術和配方，生產「蒙妮坦」系列化妝品。為了儘快地打開市場，該廠為新產品起了一個動聽，但卻是虛偽、不符合科學原理的名字——「奇妙換膚霜」。

從一九九二年十月到一九九三年四月，在國內展開了強大的，但卻是虛假性的廣告宣傳，介紹所謂「不打針吃藥，不用動手術，使用一到八次，就可以使皮膚由粗糙、灰暗、蒼老，變得細膩、光潔有彈性」。

這種宣傳欺騙了無辜的消費者，使該廠在短期內獲得暴利，銷售數量超過了其他化妝品，僅北京市從一九九三年三月下旬到五月就銷售了一八．六萬多套，全年的月銷售額從投放開始的一二百萬到三百萬、八百萬、一千五百萬、二千三百萬，僅四月的銷售額就達三千多萬元。但是，消費者使用後產生了許多副作用，不但沒有廣告上所描述的奇妙功能，反而使皮膚紅腫、起疙瘩，個別甚至出現黑斑。這引起消費者的極大反響，紛紛投訴。

北京工商局開始採取行動，禁止在新聞媒介上刊登廣告，各大商場紛紛停售，五月下旬，該產品市場銷售額驟降到九百萬元，六月該廠便停產整頓，並被有關部門勒令賠償消費者經濟損失。「蒙妮坦」事件一時使中國企業界嘩然。在激烈市場競爭中，企業不採取對消費者負責的態度，不把消費者的利益放在首位，而只顧局部利益，採取不正當的手段占領市場，結果卻是「機關算盡太聰明，反誤了卿卿性命」，企業陷入一敗塗地的境地。

因此，企業決策要在效用原則之下，在保證質量、消費者利益條件下，追求長遠的、整體的最大利益。這便是善惡、得失的真正喻義之所在。

我國目前最大的空調生產集團，春蘭集團，在一九八五年其前身只不過是一個職工不滿一千人，年產值不足一千萬元的小型企業，一九八七年，陶建本就任總經理後，採取大膽策略，引進世界一流設備，提高空調機產品質量，嚴格質量管理，用國際最高質量管理和質量保證系列標準ＩＳＯ九〇〇〇作為企業標準。

在經營上採取受控代理制，讓利於銷售商，讓利於社會。

在服務上，撥出專款，在各地建立起銷售服務網絡。這一系列正確的決策方針，使春蘭集團從一九八八年產值四千三百萬元到一九八九年的八千三百萬元，一九九〇年的一・二億元，利潤一千萬元，一舉登上中國空調業霸主寶座。

在「全國市場產品競爭力調查評價」活動中，「春蘭空調」一舉囊括了空調機「心目中的理想品牌」、「一九九三年實際購買品牌」和「一九九四年購買首選品牌」三項第一。並榮獲「一九九三年全國最受消費者歡迎產品」家用空調第一名，取得了巨大的社會和經濟效益。

總之，《周易》「得失喻於善惡」的原則告訴我們，在現代管理實踐中，不能只強調社會效益而不顧經濟效益，也不能不顧社會效益去單純追求經濟效益，應當盡量兼顧經濟效益和社會效益，使二者統一起來。要在滿足人們不斷增長的物質和文化需要的前提下，最大限度地將廣大人民群眾的目前利益和長遠利益統一起來。任何不記利害、不講得失的做法，都是有害的，不足取的。

第三章　易學與經營管理

為了把《周易》的管理學原理落實於具體操作過程，首先必須按照剛柔立本的原則自覺地設計組織一個層次有序、功能協調的管理機構。任何企業都有管理機構，但是有許多管理機構層次不清，職責不明，上下掣肘，動作失調，不能產生應有的效率，完成企業預定的計劃，究其原因，多半是由於在設計組織之時處於盲目狀態，違背了剛柔立本的原則。

日本屬於東方文化圈，他們的企業經營在許多方面都自覺地運用了易學的原理，從而建立了一套帶有東方文化特色的管理學的體系。第二次世界大戰以後，西方的企業逐漸興起了一個學習日本管理學的熱潮，由此而創造的一系列成功的經驗，與《周易》的原理有許多暗合之處。中國是《周易》的故鄉，我們應該融貫中西，博採眾長，結合各種具體的實例，深入體會剛柔立本原則的普遍性的哲學意義，自覺地用來建立我們自己的管理機構，提高我們的管理水平。

剛柔立本：組織原則

剛柔立本語出《系辭下傳》：「剛柔者，立本者也。」剛指陽爻，柔指陰爻，在一卦之中，陰陽兩爻相互依存，缺一不可，共同構成一卦之本，是為剛柔立本。這是《周易》成卦的基礎，也是包括管理機構在內的各種組織系統得以成立的必要條件。

就組織系統的構成元素來說，不外乎陽剛與陰柔兩個方面。陽剛發揮創始、主動和領導作用，陰柔發揮完成、實現和配合的作用。二者的作用雖然不同，卻都具有同等重要的地位，只有當它們結成一種剛柔並濟、陰陽協調的關係，才能組建為一個穩定的有效能的管理機構。這就是從剛柔立本所派生的乾坤並建原則的含義。

卦有六位，位分陰陽，由剛柔兩爻分別交雜而居之，蔚然而成章，有條而不紊，形成一種井然有序的狀態，這就是六位成章的原則。

六爻在其各自所居之位，盡倫盡職，安排得當，配置合理，人盡其才，事稱其能，既充分發揮每一個個體的固有的潛能，彼此之間又在整體上產生功能性的協調。這就是各正性命的原則。由於陰陽六位是固定不變的，剛柔兩爻則是經常在流動變化，並不固定在某個一定的位置上，因而出現各種不同的組合情況。但是，儘管如此，必有一個主爻作為全卦的統率，否則將無從形成一個統一的整體。這就是一爻為主的原則。

易學的原理簡單平易，簡單使人易於了解，平易使人易於順從。若能奉行貴易尚簡的原則，就可以把領導的意圖順利地化為下屬的共同目標，使整個的組織系統同心同德，齊心協力，去建功立業，迎接市場經濟的挑戰。

總之，剛柔立本是組建管理機構的一條總的原則，以下幾條都是它的具體的展開和運用。企業經營的成敗，管理水平的高低，都和是否自覺地遵循這條組織原則有著密切的關係。

乾坤並建

「乾坤並建」（又稱「乾坤並健」）是明清之際的著名思想家王夫之提出來的易學命題。《周易內傳》卷一說：「《周易》之書，乾坤並健為首，《易》之本也。」《周易外傳・系辭上傳》第一章又說：「乾坤並建於上，時無先後，權無主輔，猶呼吸也，猶雷電也，猶兩目視、兩耳聽，見聞同覺也。」

乾是純陽，性質剛健，坤是純陰，性質柔順。乾坤並建就是指世界上萬事萬物都存在著乾坤這兩個性質截然相反的對立面。乾坤對立雙方中，任何一方都不可能失去另一方而孤立存在，二者總是緊密地結合在一起，互為存在的前提。

在這種意義上，乾和坤都是統一體中必不可少的因素，不存在一方比另一方更重要的問題。因此，王夫之不同意那種《周易》以乾為首的傳統說法，認為乾坤並建才是《周易》體系中最根本的原則。

乾坤並建原則的最大特點，是強調陰與陽、柔與剛的統一與和諧，而不是對立與鬥爭。易學認為，在任何一個統一體中，無論是天象還是人事，都有乾坤陰陽之分。由於陰與陽的性質不同，自然存在著二者之間對立衝突的一面。然而更重要的是，只要陰與陽構成了一個統一的共同體，它們之間的協同配合就起著決定性的作用。如果統一的一面占了上風，陰陽相求，剛柔相濟，就可以保證秩序和諧、系統穩定；相反如果鬥爭的一面占了上風，陰陽相互排擠、相互傷害，就會造成秩序的混亂乃至系統的解體。

任何一個管理系統，無論是國家、家庭還是企業，都是由一些基本的結構元素構成的。這些基本的結構元素按其性質都可以歸結為陰、陽兩大類。因此要建立一個穩定有效的管理系統，就必須按照乾坤並建的原則，正確處理陰與陽之間的複雜關係。其中，最重要的關係有兩個：一是上下關係，一是內外關係。

首先，管理與被管理者，上級與下級之間的關係，是管理系統中最主要的縱向結構關係。管理者、上級為乾，具陽剛之性，起決策、領導作用；被管理者、下級為坤，具陰柔之性，起執行、配合作用。一個企業不能有陰而無陽，也不能有陽而無陰。如果陽得不到陰的輔助，完全孤立，就會一事無成；如果陰得不到陽的領導，散漫而無統率，也難以形成群體，同樣達不到組織目標。

因此，乾坤並建原則要求，陰陽上下之間應當建立起一種相互追求、相互吸引的合理平衡。這個平衡的基礎和動力就是雙方共同認同的組織目標。

為了實現陰陽雙方共同認可的組織目標，一方面必須建立起剛尊柔卑的內部等級秩序，以保證企業正常運轉的效率；另一方面又必須建立起相互溝通的內部協調機制，以保證企業不偏離雙方認同的方向，從而維護企業的健康和穩定。這就是說，作為管理者，不能置被管理者的利益和要求於不顧，更不能把被管理者看成是實現個人一已私利的純粹工具。

管理者應像泰卦那樣，以高踞尊位之乾而甘處坤體之下，視被管理者為平等的合作伙伴，這樣才能促使上下交往以順利進行，從而實現「天地交而萬物通」、「上下交而其志同」的和諧通泰的局面。同時，被管理者也應當正確對待正常的管理制度和等級秩序，從共同利益出發，積極主動地參與企業管理。

這樣，陰求陽，陽也求陰；剛順柔，柔也順剛，陰陽相親，剛柔相應，雙方盡量克制自身的某種過分的欲望，密切配合，協調一致，則企業的組織功能就可以最大限度地發揮出來，而管理者和被管理者彼此的需求也可以最大限度地得到滿足。

其次，內部組織與外部環境的關係，是管理系統中最主要的橫向結構關係。任何現實的管理系統都是開放系統，開放系統是不能離開環境而生存的。因此，企業必須按照乾坤並建的原則，建立起正確處理內外關係的相應機制。

這裡，乾意味著與環境的溝通，坤意味著內部秩序的維持；乾表現為向外開創局面，坤表現為對內加強控制。或者說，乾表示系統的無序性增加，坤表示系統的有序性增加。

一方面，當管理系統的目標確定以後，最高管理者只要選定能以最大效率實現這些目標的方法並保證其實施就行了。那麼具體的管理工作就是選擇恰當的管理組織結構，並發揮其決策、計劃、組織、指揮、控制、協調、激勵等職能。於是這個管理系統便有序地運轉起來了。

維納的控制論為這一系統的有序化過程提供了科學的依據。然而，另一方面，管理系統的目標不是憑空可以確定的，這是因為現實的管理系統是一個開放系統，它時刻都在與環境進行著物質、能量和信息的交換，在這種交換中，系統的隨機性增加，無序性也相應增加。正是這種無序性的增強，才是系統捕捉目標，構建內部秩序的前提條件。

通俗地說，任何企業都是由社會性的需要和壓力所促成的。社會的需求和環境的條件，決定了企業的目標選擇和經營決策，決定了企業的組織結構形式及功能的發揮。與環境的溝通，使企業面臨著多種發展的可能性，同時也導致了企業內部不穩定性的增加。

或者說，環境的變化往往導致企業的決策和組織形式的改變，從而導致企業內部原有秩序的打破。這是一個無序化的過程。普裡高津的耗散結構理論告訴我們，單純的有序化過程和無序化過程都不能構成有效的開放系統。單純的有序化過程使系統穩定，但也使系統產生惰性；單純的無序化過程使系統紊亂，但又使系統獲得活性。只有二者同時並存，才能構成不斷進化的組織秩序。

一個優秀的管理者，總是能自覺地堅持乾坤並建的原則，把有序過程與無序過程巧妙地結合起來，將管理系統引向穩定與發展的健康軌道上去。在具體運用乾坤並建原則以保證企業的內外平衡發展方面，必須緊緊把握以下兩個環節：

第一，向外打開局面必須以對內的有效控制為前提，從無序化過程中捕捉機遇，必須及時轉化為系統內部的有序化過程的建設。否則，重外輕內，有乾無坤，只求發展，不求控制和穩定，將會造成系統內部秩序的崩潰。

第二，對內加強控制又必須以向外打開局面為條件，系統內部的有序化過程從與環境交流的無序化過程中吸取活力。否則，重內輕外，有坤無乾，企圖單靠加強企業內部的管理來保持和擴大現有成果，而不對瞬息萬變的環境作出積極進取的反應，將難免走向僵化停滯，最終為時代所淘汰，為環境所不容。

當前，我國大多數大中型企業都面臨著轉軌變型的問題。傳統的管理模式只著重生產，不顧經營，或者把市場經營錯誤地理解為單純的產品推銷，不問市場的變化，不問消費者的需求。這是一種典型的重內輕外的管理模式。在經濟改革的過程中，為了適應社會主義市場經濟的發展要求，企業最迫切的任務就是，儘快實現從單純的生產型企業向生產經營型企業轉變。

企業轉軌變型的關鍵，就是企業領導人員必須改變經營管理的基本觀念，拋掉重內輕外的傳統思想，樹立乾坤並建的根本原則。

六位成章

「六位成章」語出《說卦傳》：「《易》六位而成章。」意思是說，《周易》中的每一卦都是由六爻組合而成的，其中每一爻在卦中的地位和作用各不相同。唯有各不相同的六爻能夠分工協作、密切配合，才能構成一個相對穩定的有機整體（卦），如此就叫六位成章。否則，六爻各自為政，互不相關，就無法構成一個有機整體，這種現象就只能稱之為雜亂無章了。

這裡，六位成章是有條件的，因為確定的六爻總是根據某個確定的卦的性質組合起來的。一個特定的卦就是一個特定的系統，卦中的六爻就是這一特定系統的特殊結構。特定的結構往往只能服務於某種特定性質的系統，它對這個系統來說是六位成章的，但對另一個性質不同的系統來說則可能意味著混亂。如果卦中的某一爻發生了變化，這也許會構成新的系統（新卦），但對原卦（系統）來說，特殊的內部結構遭到了破壞，則六位紊亂而難以成章了。

六位成章的原則告訴我們，任何一個管理系統都必須有合理的分工與協作。一般說來，管理系統的分工與協作主要包括兩個方面：

一是，縱向的職位等級的分工與協作。例如我國許多大中型企業的縱向管理系統分為五個層次，即公司（總廠）、分廠、車間、工段和生產班組，習慣上稱為五級管理。根據企業規模和生產技術的複雜程度的不同，也有的企業實行四級管理（廠部、車間、工段和生產班組）、三級管理（廠部、車間和生產班組）等。不同層次的管理工作，其內容和性質不同。越往上層，決策性和組織性的工作越多；越往下層，業務執行性和日常工作越多。

二是，橫向的職能部門的分工與協作。例如，在實行三級管理的企業中，廠部設置職能科室，車間設置職能組，生產班組設置職能員等等。職能機構的劃分方法很多，通常有按管理職能或管理業務劃分、按產品劃分以及按地區劃分等幾種。企業的縱向管理系統和橫向職能系統是緊密聯系的有機整體，二者的結合就構成了企業的管理組織結構。企業的分工與協作必須緊緊圍繞企業的總體目標而展開。隨著分工的不同，企業的總體目標也相應地分解成各種具體的目標，如生產成果目標、市場目標、效益目標以及各種規劃目標等等。

如果各種具體目標都能順利實現，企業的總體目標就實現了，這就標志著六位成章的原則得了圓滿的貫徹。

六位成章原則還告訴我們，任何一種管理組織只能完成某種特定性質的任務，因此，一個管理系統必須根據自身的需要和條件來建立與之相適應的管理組織結構。

西方管理學家唐・赫裡格爾和約翰・斯洛坎姆在《組織設計：一種權變方法》一文中，考慮外部環境和工藝技術兩方面的因素，將企業分為四種模式：

1. 市場條件等外部環境變化快、內部各種產品之間工藝差異大的企業，如美國通用汽車公司。其組織結構為按產品劃分為事業部，各事業部內部一體化和計劃化的程度較高，而各事業部之間的聯繫較弱，總公司只是通過財務、行政等經理的協商會議和一些政策小組來制定某些總體戰略。

2. 外部環境變化較快、產品種類多，但工藝技術差異不大的企業，如美國的休斯飛機公司。其組織結構採用矩陣式組織，公司下設七個分部，但各種新產品的研製和生產都由各分部有關的科研和生產人員參加，所以各類組織之間相互交叉，存在著大量的正式和非正式的聯繫和協調。

3.市場條件等外部環境比較穩定、產品品種較少且工藝技術較穩定的企業，如大陸包裝品公司。其組織結構採用直線──職能制，由最高管理層集中掌握生產、技術政策的決策權。

4.外部環境十分穩定、產品又非常單一的企業，如美國麥克唐納快餐公司。其組織結構高度集權，公司制訂和頒發了所有分店必須嚴格遵守的《公司服務手冊》，對產品的規格標準、工藝技術、原材料和設備的採購、保管和使用、請示匯報制度、職工的定期輪訓等，都作了詳細的規定。公司的核算和監督都由總部集中進行。

這就是說，現實中不存在普遍適用的唯一最好的組織結構形式。不同的企業可以選擇不同的組織形式，甚至在同一個企業內部也可以採用若干不同的組織類型。只要能適應環境的變化，使企業生存下去並健康發展，就是一個恰當的管理組織結構。

總之，按照六位成章原則，企業管理組織結構的建立和調整，必須服從企業發展戰略和生產經營的需要，必須從企業的實際情況出發，充分考慮生產技術和經營管理的特點，充分考慮企業所處的社會經濟環境的作用，結合企業內部與外部的具體條件來確定，不能機械照搬其他企業的模式。

組織結構的分層、分支，必須有利於組織結構目標的實現與任務的完成，有利於提高管理工作的質量和效率。在合理分工的基礎上，必須有密切的協作，以便明確彼此之間的關係，實現共同的目標。

各正性命

「各正性命」語出《彖辭上傳‧乾卦》：「乾道變化，各正性命」。宋代理學家程頤解釋說：「乾道變化，生育萬物。洪纖高下，各以其類，各正性命也。天所賦為命，物所受為性。」（《伊川易傳》卷一）

按照程頤的解釋，這句話的意思就是，萬物因天道（自然規律）的變化而產生，並由此而獲得了其天賦的本性。儘管萬物存在著洪纖高下的種種差別，但就其本性自足而言，千差萬別的事物又都可以各從其類。因此，各正性命就是指充分滿足事物自身的發展要求，使之各得其所，各安其位。

前面已經談到，要使一個管理系統有效地運轉，必須按照六位成章原則合理分工密切協作。那麼如何保證分工協作達到預期的效果呢？這就是各正性命的原則要解決的問題了。本來，合理的分工就是把複雜的任務分解成若干比較簡單的部分，以便操作起來能夠集中精力提高效率。至於能否達到這一目的，則取決於各層次各部門能否發揮其積極主動的作用了。

要使管理系統中的每一個職能部門、每一個管理人員、乃至每一個下屬員工增強其積極性和責任感，就必須使他們明確自己的權力與責任，並理解和肯定自己的存在價值，也就是說，必須使他們各正性命。

各正性命的原則包含兩個層次的內容：第一，責、權、利應當明確並且對應。這是淺層次的各正性命；第二，工作內容與個人的價值關懷應當相互聯繫並且取得一致。這是深層次的各正性命。

就淺層次的各正性命而言，責、權、利的合理組合，是管理系統六位成章的直接保證。首先，應當通過合理授權，明確規定各級管理層次的職責、權限和應當承擔的義務。理論研究和實踐經驗都表明：職責和權限必須明確和相互適應。權責不明確容易產生官僚主義、無政府狀態，組織系統中易出現摩擦以及不必要的會議、對話、妒嫉等。

權責相互不適應對管理組織效能也是十分有害的，有權無責（或權大責小），就很容易產生瞎指揮、濫用權力的官僚主義；有責無權（或責大權小），就會束縛下級管理人員的積極性、主動性和創造性，使管理組織缺乏應有的活力。因此，合理的授權應當使職、責、權同時到位，防止責權分離的現象出現，並且為了明確職責和權限的範圍，應盡量避免雙重隸屬關係的授權。

其次，應當建立相應的責任保證制度，從制度上保證科學合理的分工，協調各方面的關係。責任保證制度必須與利益直接掛鉤，工資與獎金應當與其承擔的職責及履行狀況相對應。西方國家的許多企業，採用「利潤分權制」的管理方式來建立責、權、利關係的責任保證制。通常是在一家企業內，按產品或按地區劃分為若干部門，每一部門獨立負責其生產經營的損益。

我國企業內部的責、權、利關係，主要是通過採用以承包為主的不同形式的經濟責任制固定下來的。實踐證明，認真貫徹經濟責任制，是活絡企業，提高經濟效益，實現企業經營目標的重要保證。

就深層次的各正性命而言，滿足人的精神方面的需求，為人提供一個安身立命之地，乃是管理系統長期穩定和持續發展的根本保證。在西方，由於行為科學的倡導，現代化的管理已經由傳統的以「工作」為重心轉變為以「人」為重心，人成為管理上最受重視的因素。由於人的需求是多層次的，因此，正確認識人的各種需求及其特點，便成為建立現代管理學說的前提。

例如在五〇年代，赫茲伯格經由研究發現：工資水平、勞保福利、人際關係以及工作環境等因素沒有激勵人的作用，但卻是產生不滿的主要根源；而真正能激勵員工提高生產效率的因素，常常是那些與工作內容緊緊聯繫在一起的因素，如工作表現機會及工作本身帶來的愉快、工作上的成就感、工作中得到的認可和贊賞、對個人發展前途的期望以及職務上的責任感等等。

他把前者稱為保健因素，後者稱為激勵因素，從而形成了著名的「雙因素理論」。他認為，要提高管理效能，就應該針對人的需求和動機，在改善保健因素的基礎上，著重發揮激勵因素的積極作用。

七〇年代中期開始在西方盛行的「工作生活質量學說」則進一步提出，優秀的管理系統應當滿足職工參與管理的需求，應當滿足職工從事富有意義的工作的要求，應當滿足職工輪替工作和接受繼續教育的要求，應當滿足職工享有更多個人自主、社交和受人尊重的需求。就是說，工作應當是生活的一部分，應當是直接滿足人的各種需求的途徑之一。

瑞典富豪汽車公司的實踐，就是這方面的一個成功的嘗試。富豪汽車公司是瑞典專門生產豪華汽車，財力雄厚的大企業。為了進一步提高汽車質量，這個公司提出了「讓每一名員工在其工作中找到意義和滿足」的口號，把流水式的生產線作業改為傳統的小組式生產，同時實行一系列使工人頗為滿意的管理方法：允許小組成員（不超過十五名）自由組合，組長由組員輪流擔任；同意職工熟練掌握一種生產技能後，調換崗位學習新技術；小組可以根據職工的意願，在工作時播放職工喜愛的音樂，在工作場所旁建立休息室，職工休息時可以喝咖啡，吃點心；小組財務獨立，小組生產業務由組員討論決定，工人的工資與小組經濟效益掛鈎等等。

富豪汽車公司的新嘗試一度在許多國家引起震動，不少人表示不可思議，甚至被人指責為不顧後果的「倒退」。可是事實證明，這種新嘗試非但沒有造成富豪汽車公司任何一點倒退，卻大大煥發了職工的積極性，使該公司的汽車質量提高，經濟效益不斷增長。可見，當工作不僅僅是為了滿足人的物質需求，而且同時也滿足了人的精神需求時，企業將獲得來自內部的源源不絕的活力。

在人對精神生活的種種需求中，最根本的是安身立命的需求。安身立命的關鍵，就是精神要有所寄托。這就涉及到人的終極價值關懷了。

中國傳統文化要解決的核心問題就在於此，而今天之所以會出現信仰危機的現象，問題也出在這裡。《易傳》「各正性命」的思想，就是要求人們深切體會生命的意義之所在，然後「進德修業」，各得性命之正。按宋明理學家的理解，這就需要究天人之際、明死生之說。當然，這是更高的要求了。

值得注意的是，西方現代管理理論也開始注意到了這一方面。如八〇年代崛起的「企業文化理論」認為，以價值觀為核心的企業文化是企業生命的基礎。一個真正傑出而成功的組織能夠長久生存下來，最主要的條件並非結構形式或管理技能，而是我們稱之為信念的那種精神力量，以及這種信念對於組織的全體成員所具有的感召力。

同時，一些美國學者在研究日本企業的成功經驗時，不約而同地把企業文化看成是日美企業在管理方面的主要差別。如帕斯卡爾和阿索斯把企業經營管理概括為七個因素，其中戰略、結構、制度稱為硬因素，人員、技巧、作風、最高目標稱為軟因素。在硬因素上，美、日非常相似；在軟因素上，美國認識不足，造成企業競爭能力落後。在七因素中，處於核心位置的是最高目標，也有人把它叫做「共同的價值觀」。

日本人的共同價值觀更強調歸屬意識，更強調群體生存意識，因而企業對職工的關心十分週到，而職工對企業通常報以格外的努力和極端的忠誠；然而美國人的價值觀則更重視自我實現意識，更強調個人奮鬥，因而儘管美國的一些很知名的企業家企業辦的很成功，但是當他們退休後企業就衰落了。

這種分析雖然存在著一定的片面性，但有一點是確定無疑的：即如果一個企業中的大多數職員把企業看成是自己的安身立命之所，而另一個企業的大多數職員則把工作當作個人奮鬥的權宜之計，那麼二者的結果將會是大異其趣的。

在我國不少企業比較重視精神文明建設，並取得了一定的成效，如各地都湧現出了一批愛廠如家的勞工模範和先進典型等。精神文明建設固然是引導職工各正性命的重要途徑，但不能流於形式主義。

現實中企業的宣傳更多的是強調職工應當對企業多做貢獻，而往往很少考慮如何使企業對每一個職工都具有強烈的吸引力，如何使每一個職工都把企業看成是自己的安身立命之地，而後者才是各正性命的真正主旨。

一爻爲主

一爻為主之說，由三國時魏人王弼（二二六—二四九）最早明確提出。其《周易略例》說：「一卦之體，必由一爻為主，則指明一爻之美，以統一卦之義……。」意即全卦意義主要由其中一爻之義決定。

王弼主張從繁多變動的事物中尋求其統一性，從複雜的爻象中探討簡易的原理。他認為，一卦六爻所處的時位不同，其意義也各不相同。表面上看，六爻交錯，變化多端，似乎是雜亂無章的，但實際上每一卦都有一個中心觀念，統率六爻的變化，規定各爻的意義。這個中心觀念常常由其中一爻集中體現出來，因而為主的一爻對其他五爻也就具有統率作用。

王弼進一步發揮說：「夫眾不能治眾，治眾者至寡者也。夫動不能制動，制天下之動者，貞夫一者也。」「故自統而尋之，物雖眾，則知可以執一御也。由本以觀之，義雖博，則知可以一名舉也。」

就哲學意義上說，宇宙中紛紜複雜千變萬化的事物，都受一根本的原則所支配，這就是世界的本體；就其現實組織層面上講，無論多麼複雜的組織系統，都必須有一個中心主旨，這就是組織的目標。

為了最有效地實現組織目標，企業必須選擇一種最佳的組織結構形式。儘管組織結構中的各層級各部門都是組織系統中不可缺少的一部分，都對組織目標的實現做出了貢獻，但由於它們的性質和任務各不相同，因而它們在組織系統中的地位和作用也就不可能相等。其中有些環節直接影響到全局的成敗，直接關係到整個企業的命運，這就是組織結構中的關鍵因素，也即全卦之中為主的一爻。

作為企業的最高管理者，必須集中力量抓住企業的關鍵環節，執一以馭眾，舉本以統末，才能實現資源的最佳配置，最有效地帶動整個企業的合理運行。否則，本末不分，輕重不辨，四面出擊，平均用力，將分散寶貴的資源，降低組織的效率，甚至可能因關鍵環節得不到保證而致使企業目標無法實現。

正如一卦之中只有六爻一樣，一個企業的資源也是有限的。一爻為主原則要求企業從組織結構上實現其有限資源的最佳配置。企業資源包括人員、資金、原材料、設備、以至時間和企業的聲譽等等。由於資源的有限性，企業家在分配這些資源時，就不能平均分攤，而應當在儘可能滿足各方面需求的同時，使資源配置向關鍵環節傾斜。

在現有的幾種企業組織結構模式中，陣矩式結構因其形式整齊、全面周密等特點而具有特殊的誘惑力，然而如果一個產品相關性不大而環境變化又十分迅速的企業，也效仿美國休斯飛機公司採用陣矩式組織結構，則只能徒然增加中間環節，浪費資源，製造混亂，降低企業的生存能力，妨礙企業組織目標的實現。

美國管理學家史蒂文・布蘭德曾尖銳指出：「資源分散必然會導致平庸。」因此，企業在設計其組織形式時，必須將那些對企業目標的實現起關鍵作用的環節置於核心位置，以保證有足夠的資源提供這一關鍵環節正常運作。

在實踐中運用一爻為主原則，最重要的是認準並抓住企業的關鍵環節。實際上，即使是同一個企業，其組織結構也不會一成不變。在不同的時期，企業組織結構的關鍵環節可能不同。

一方面，隨著環境的變化，企業具體的組織目標常常會有所修正或改變，這就要求對企業的組織結構作相應的調整，要求企業的管理重心也隨之轉移。另一方面，企業組織目標的實現過程，總是有步驟、分階段進行的，在不同的階段中有不同的管理重心。這是因為，要實現企業的總目標，就必須克服各種困難，解決各種問題，為了避免資源的分散，必須分清這些問題的輕重緩急，然後有次序地將其一一解決。

其實每一個問題即是一個特定的營運目標，於是企業的總目標也就分解為一系列具體的營運目標。這一系列目標應當分階段逐個實現。在一定期間內，應集中所有的可用資源，完成一、兩項特定的營運目標。一爻為主，並不是嚴格限定一次只能做一件事，而是告訴我們目標不能太多。事事都做，往往一事無成。如果把精力集中在一、兩件事上，反而會收到成效。當我們把注意力放在一、兩件事上時，也會有餘裕做其他的事；當我們重點抓住關鍵環節時，其他環節的問題也將會迎刃而解。

最後必須強調，「一爻為主」作為一條組織管理的基本原則，總是與其他原則一道，共同發揮其組織功能的。例如，一爻為主原則與六位成章原則的關係，就像一枚硬幣的兩面，二者互為條件，相輔相成。一爻為主要求突出重點，六位成章要求分工協作，實際上都是為了最有效地實現企業的組織目標。

分工協作不能脫離組織目標，因此只有確保了關鍵環節的有效運轉，六位成章才有意義。同時，關鍵環節的順利運作又需要其他環節的密切配合，因此只有其他環節顧全大局，主動為企業攻克難關創造條件，一爻為主才有保障。否則，如果企業各部門各行其是，互相爭奪資源，不但會損害關鍵環節的運作，整個管理系統也將陷入混亂；如果片面強調關鍵環節的重要性，不顧其他環節對資源的基本需求，結果管理系統功能殘缺，組織目標同樣無法實現。總之，一爻為主不是要取消其他五爻，六位成章也不等於平均分配資源。一爻為主原則與六位成章原則必須結合起來，才能最大限度地發揮出它們的組織功能。

貴易尚簡

崇尚易簡是《周易》思想的精髓之一。《系辭上傳》說：「乾以易知，坤以簡能。易則易知，簡則易從。易知則有親，易從則有功。有親則可久，有功則可大。可久則賢人之德，可大則賢人之業。易簡而天下之理得矣，天下之理得而成位乎其中矣。」

所謂易，就是平易不難；簡，就是簡單不繁。乾以平易為智，坤以簡單為能，所以乾坤容易被人理解和順從。容易理解則有人親附，容易遵從則行之有功。這樣，於內可久，於外可大，得於已便是賢人之美德，成於事便是賢人之偉業。正因為《周易》以易簡為其特性，反而能包容天下的道理。人若能體《周易》之道，窮天下之理，則可以並列於天地之中而無所愧憾了。因此，易學把易簡看成最高的美德，即所謂「易簡之善配至德」，從而突顯了貴易尚簡的思想。貴易尚簡，就是主張儘可能地去掉繁雜瑣碎的細節，以便突出主旨，抓住要領。這是從事長久而偉大的事業的基本原則。

關於《周易》貴易尚簡的思想，後人多有發揮。如清代著名史學家錢大昕（一七二八－一八〇四）在《十架齋養新錄》中說：「四時行，百物生，天地之易簡也。無欲速、無見小利，帝王之易簡也。……易簡之道失，其弊必至於叢脞。」「叢脞」就是細碎煩瑣的意思。就自然界來說，四時的運行，百物的生長，一切都自然而然，簡單明了。

就人間社會而言，要成就帝王之業，也應當順應自然，讓儘可能多的人聚集在簡單明白、鮮明有力的旗幟之下，而不能把主要精力放在細枝末節上，更不能為了一勞永逸地解決問題而採用某種無所不包的政策，或者為了某種短期利益而實行一些繁瑣苛刻的措施，否則違背了易簡之道，組織的宗旨和大要將淹沒在瑣碎的細節之中，事業就不可能成功。

一般說來，任何組織系統都會追求自身的發展。然而不幸的是，規模一擴大，也就同時帶來了複雜性。為了對付複雜性，人們往往設計出複雜的制度和結構，並雇用更多的職員來掌握這種複雜體系，於是錯誤也就從這裡開始了。因為，要想使一個組織能發揮作用，就得使要作的每件事情，都能為作這些事的全部成員所理解，而這就意味著要使事情保持簡單明了。

然而人們卻經常產生一種錯覺，即以為越複雜越全面的組織結構越是先進。例如，矩陣式組織結構就是一種很能迷惑人的主意。因為它幾乎可以把所有的管理因素都包括進去，因而似乎可以解決所有的問題了。但事實並非如此。除了像波音公司這種項目管理型的企業外，幾乎沒有哪一家出色的公司說自已有正式的矩陣式結構。

美國麥金賽公司咨詢專家彼得斯，在他與沃特曼合著的《追求卓越》一書中指出，那些出色的公司都相當穩定地保持著基本的簡單組織形式，如產品分部式等，從而使企業組織更易於靈便自主。正是由於基本組織形式簡單清楚，才使得圍繞著基本結構作出一些靈活變通安排的工作容易起來。例如，它們能更好地利用工作組、項目中心及其他特殊的臨時性機構去辦事。這些公司看起來似乎總是在不停地進行著改組。它們是在改組，但改組只發生在外圍。它們經常修剪枝葉，但卻很少觸動基幹。同時，正因為組織形式簡單明了，辦事所需要的人也就少了。那些出色的公司有一個關鍵性的共同之處，即班子精悍。這些公司雖然規模龐大，但公司總部裡很少有超過一百名以上的人員，即使是下屬的產品分部也常常是短小精悍的。它們不需要過多的組織層級，也沒有複雜的控制系統。

例如，在一次討論明尼蘇達採礦製造公司不斷取得成功的經驗時，該公司的一位管理人員直言不諱地說：「重要的只有一點，當分部達到一定規模的時候，把它分裂開。什麼競爭的動力學呀，什麼效率呀，都統統去它的吧。只有短小精悍，才能保持活力。」

與此相反，正如西方經驗學派管理學家德魯克所說，一個有效性很差的組織結構常常存在以下病狀：(1)管理層次過多，協調和信息溝通極為困難；(2)由過多的人出席過多的會議；(3)過分注意照章行事或解決部門間的矛盾；(4)關鍵人物不能始終注意關鍵性活動和組織效益。這樣的組織結構顯然違背了貴易尚簡的原則，因而肯定不利於實現組織目標。

德魯克指出：能夠完成工作任務的最簡單的組織結構就是最優的結構。判別一個好的組織結構的標準是它不帶來問題，而結構越簡單，失誤的可能性越小。他認為，已被提出來的組織結構模式不過是實現組織目標的工具，工具本身無所謂好壞，關鍵是看能否恰當運用。因此，至關重要的一點是，在不偏離組織目標的前提下，組織應當按照儘可能簡化的設計來建立其結構。

最後，必須強調，貴易尚簡原則的運用，常常是與創造性的思維聯繫在一起的。美國著名的管理專家唐納德，曾在其名著《提高生產效率》中提出過提高效率的三條原則，即當你處理任何工作的時候，都要向自己提出三個「能不能」的問題：⑴能不能取消它？⑵能不能與別的工作合併？⑶能不能用更簡便的東西代替？這三條原則的實質，就是把貴易尚簡原則作為一種管理技巧來運用。凡是可做可不做的堅決不做，從而可以節省大量時間和精力；與別的工作合併，無形中效率就提高了；更簡便的方法也包含著更高的效率。當你試圖嚴肅地回答這三個「能不能」的問題的時候，創造性的思維活動實際上已經開始了。

變通趣時：達變原則

在把管理機構建成一個穩定、協調、有效率的系統之後，必須進一步研究達變原則，使管理系統能夠適應外界環境的變化，變通趨時，立於不敗之地，求得生存，求得發展。《周易》是一部研究變化之書，人稱變經，其中所講的應變之方，蘊含著豐富的智慧，具有極大的啟發意義，值得我們認真學習。

變通趨時語出《系辭下傳》：「變通者，趣時者也。」趣讀為趨，即主動適應之意，時是時機、時運，即外界環境對企業組織所提供的有利或不利的條件。

由於企業組織是一個開放的系統，不能脫離外界環境而孤立地存在，而在現代化的市場經濟中，環境的變化則是極為迅速，這就要求管理者必須全面地收集環境變化的信息，掌握市場的動向，採取變通的方法去主動地適應，提出正確的對策。當有利的時機悄然到來，應該毫不遲疑地緊緊抓住，去建功立業，爭取企業有一個更大的發展。因為機不可失，時不再來，如果不能變通趨時，緊緊抓住這個千載難逢的時機，將會轉瞬即逝，使唾手可得的功業失之交臂。這就是「功業見乎變」原則的含義。

當企業遇到不利的條件，處於窮困之時，不必悲觀消極，驚慌失措，應該冷靜下來去謀求應變之方。因為「窮則變，變則通，通則久」。窮困只是暫時的現象，發展到極點總是要變化的，關鍵在於自己能否正確對待，發揮主觀能動性，變不利為有利。唯有變通才能爭取到企業的長久的生存權，否則，將難逃衰亡的厄運。「時」是《周易》中一個十分重要範疇。適時而動，必獲吉祥，逆時而動，必遭凶咎。

作為一個現代企業的管理者，必須對環境的變化有較為敏感的反應和很高的適應能力，無論是遇到有利的條件或不利的條件都應如此，做到與時偕行。這是維持企業在迅速變化的環境中，得以生存和發展的重要原則。

幾是事物變化在將然與已然之際最先出現的苗頭，《易傳》稱之為「幾者，動之微，吉之先見者也」。因此，為了變通趣時，一當發現這種變化的苗頭，就要立即行動，採取相應的措施。這就是「見幾而作」的原則。居安思危是易學反覆強調的一個觀點。因為人們處於逆境，通常能夠做到戒慎警惕，事事小心，但在順境之中，卻往往被勝利沖昏了頭腦，驕傲自滿，麻痺大意，對事物的發展喪失了清醒的認識。殊不知事物的發展，有進必有退，有存必有亡，有得必有喪，不可只知其一，不知其二。所以必須居安思危，動而不失其正，防止事物向不利方面轉化，以保持企業的長治久安。

易學的達變原則具有普遍的哲學意義，國內外一系列企業經營成功與失敗的實例，從正反兩方面證明了這條原則的正確性。

功業見乎變

「功業見乎變」語出《系辭下傳》。《周易正義》晉人韓康伯（三三二—三八〇）注：「功業由變而興，故見乎變也。」明代來知德（一五二五—一六〇四）在《周易集注》中進一步解釋說：「功業即因變而見矣。功業者，成務定業也；因變而見，即變而通之以盡也。」

所謂功業，其實就是《系辭傳》所說的「變而通之以盡利」。因此，「功業見乎變」意即功業表現在能否適時通變以逐其利。

這裡，關鍵是對「變」的理解。《系辭傳》說：「剛柔相推而生變化。」事物的變化是由陰陽剛柔相推蕩引起的，這主要是就自然的變化而言。《系辭傳》又說：「化而裁之謂之變，推而行之謂之通，舉而錯之天下之民，謂之事業。」什麼是「化而裁之」？如果僅從自然的變化來理解，「化而裁之」就是指陰陽剛柔的推蕩變易和相互裁節。然而，從「化而裁之」到「推而行之」以至「舉而錯之」，人為的痕跡越來越明顯。可以說，「化」是自然的變化，「裁」是人為裁節。當自然的變化達到一定的程度時，加之以人為的裁定，這就是「變」。《周易》強調，人可以按照自然的變化規律，主動地對自然的演進過程加以干預，使之沿著符合人的主觀願望的方向發展，這就是「推而行之」。「推而行之」的結果，可以使事物的發展暢通無阻，這就是「通」。如果把《周易》中變通的道理運用到天下國家的治理上來，即「舉而錯之」，就可以建功立業，成就「事業」。

「功業見乎變」是達變原則的總綱，它告訴我們，要想作一番事業，就必須能夠適時達變；不能適時達變，就無所謂功業。因為世界總是變動不居的，如果一個組織系統要在變動不居的世界中生存下來，就必須隨著外部環境的變化，不斷調整自身的內部機制，以適應這種變化。對於企業來說，要適應瞬息萬變的市場，必須緊緊抓住兩個環節，以變制變：

第一，就是要深入了解社會需求的最新動向，深入了解市場機制的運作規律，建立內外暢通的信息網絡，及時做出正確的決策；第二，就是要最大限度地調動企業內部的積極因素，不失時機地採取靈活多變的應對措施，通過連續不斷的試驗、改革和創新，在行動中捕捉機遇、創造機遇。把這兩個環節結合起來，就是《周易》所說的「化而裁之」和「推而行之」。

在西方現代管理理論中，企業適時達變的能力越來越為人們所強調。美國斯坦福大學的斯科特教授，曾把管理學的理論和實踐劃分為四個時期：

第一個時期從一九〇〇年延續到大約一九三〇年，是「封閉系統——理性行為者」時期。這個時期的特點是以工作為核心，強調組織的秩序和效率，迷信管理的規則和技術；

第二個時期從一九三〇年到一九六〇年，是「封閉系統——社會行動者」時期。這一時期人的因素被確定為管理的核心所在。人不再被當作好逸惡勞的惰性機器，如何關心職工激勵職工，如何發揮人的自主性和創業精神，成為了改善管理的關鍵；

第三個時期從一九六〇年到一九七〇年，屬於「開放系統——理性行動者」時期。在這一時期，一方面理論後退到對人的機械論式假設上來了，但另一方面則終於把企業看成是環境塑造的產物，是競爭性市場的一部分；

最後，從一九七〇年開始的第四個時期，斯科特稱之為「開放系統——社會行動者」時期。這時，複雜多變是其基本特徵。理性行動者被複雜的社會行動者取代了，他們是一些長處和短處兼有、理性行為與非理性行為交織一起的矛盾變化著的人。同時，與外部世界隔絕的企業，被時刻受到急劇變化著的外部力量衝擊的企業取代了。無論企業的目標或手段，還是外部的社會經濟環境，一切都處於劇變之中。因此，這個時期中占主導地位的管理模式主要強調兩點，一是企業的文化傳統，一是企業自身的演進。

如果說獨特的文化傳統和普遍認同的價值觀念，為企業提供了穩定持久的凝聚力，那麼，有控制的演進則能使企業在複雜多變的環境中保持良好的適應能力。所謂有控制的演進，是指企業按照達爾文進化論的方式，即以隨機性變異的方式向前演進。真正具有適應性的企業，總是不停地進行著新的嘗試。無論嘗試的結果是成功還是失敗，都意味著企業自身的變異。適應性強的企業很快就學會了剔除那些無效的變異，卻大力促進那些確實有作用的變異。

事實證明，重大的突破性的變異，往往不是企業精心規劃出來的，而多半來自處於企業主流之外的一小批熱心分子。適應性強的企業總有辦法激起這一小批熱心分子不拘一格的創新精神，然後企業管理當局的主要任務，就是把這些嘗試、試驗、錯誤以及偶爾得到的巨大成功引向大體正確的方向上去。

總之，「功業見乎變」的要點，就在於信息靈通和雷厲風行。信息靈通才能「化而裁之」而「變」，雷厲風行才能「推而行之」而「通」。在我們這個瞬息萬變的時代，管理沒有絕對的經典，也沒有一個固定的模式，正如《系辭傳》所說：《易》道屢遷，變動不居，「不可為典要，唯變所適」。

窮、變、通、久

《系辭下傳》說：「《易》，窮則變，變則通，通則久。」窮，就是盡頭、極點。《周易》闡述的是變通的道理。事物發展到了極點就要變，變了才能通達，通達才會長久。這裡面也包含著自然與人為兩層含義。就自然規律來說，變化是客觀存在的。「窮則變」是物極必反的道理，「變則通，通則久」則進一步揭示出自然界的恆久之道就在於它能變化無窮。

《彖辭下傳·豐卦》說：「日中則昃，月盈則食，天地盈虛，與時消息，而況於人乎？況於鬼神乎？」消息即消長。事物總是要向它相反的方向發展，無論自然還是人事都不能例外。然而就人為努力來說，人又具有主觀能動性。窮與通是相反的兩極。人都不願意自己陷入窮困，總是希望自己永遠通達。

可是，如果不做出積極的努力，任憑局勢自然發展，通達將變成窮困，而窮困則不會自動變成通達。正如生物界「物競天擇，適者生存」的規律所揭示的那樣，誰不能調整自己以適應環境，誰將遭受滅頂之災。因此《易傳》又說：「化而裁之謂之變，推而行之謂之通。」所謂「窮則變，變則通」，意味著必須發揮人的主觀能動性，適時達變，才能由窮至通。

在現實中，儘管人們極力迴避，窮困的局面仍然大量存在，即使最好的企業也難免陷入困境。這些困難可能是由於外界的力量所引起的，如新技術的出現、市場競爭的加劇、世界經濟的衰退乃至政治風雲的變幻等，但更多的情況下是企業內部原因造成的，如控制系統的紊亂、戰略決策的失誤等。無論是什麼原因使企業陷入了窮困，企業擺脫困境的唯一出路只能是積極求變。消極地維持現狀，結果只能是貽誤戰機，以致積重難返。

優秀的企業家都懂得「窮則變，變則通」的道理，因此，常常能夠在逆境中求得生存。他們戰勝困難的具體做法也許各不相同，但基本的原則卻是一致的。就是說，當遇到困難的時候，他們不會求助於歪門邪道或目光短淺的行為，更不會做無根據的假設——以為只要順其自然，什麼問題都能自行解決。他們總是能在危急關頭，集中所有各部門的意志和力量，發現問題解決問題，在困境中重整旗鼓。首先，他們會正視嚴酷的現實，拋掉僥倖心理。然後立即進行調查研究，對外摸索市場動向，對內查明自身的漏洞，以便準確找出問題的癥結所在，及早抓住擺脫困境的突破口。接著，他們將果斷決策，迅速行動。

美國第三大汽車公司克萊斯勒公司絕處逢生的經歷，為我們提供了一個很好的案例。八〇年代初，持續了數年的經濟衰退，使克萊斯勒公司蒙受了沉重打擊。該公司從一九七八年到一九八一年共虧損三十六億美元，創美國歷史上企業虧本紀錄。經濟界人士當時斷定，克萊斯勒倒閉指日可待。然而出人意料，經驗豐富的企業家艾柯卡，臨危授命董事長之後，經過短短幾年的慘淡經營，該公司竟神奇般地從死亡線上活了過來，並逐步走上了中興之路。

艾柯卡之所以能迅速扭轉乾坤，其秘訣就在於他善於窮中求變。他一上任，就下令關閉全公司五十二個工廠中的十六個；拍賣海外設備以及無關緊要的企業以籌資金；辭退一半雇員從而少發六億美元酬金……一陣大刀闊斧的砍削，使克萊斯勒從全世界第六大汽車公司降到第十二位，他本人也因此獲得了「暴君」綽號。但是，他畢竟為克萊斯勒的東山再起贏得了喘息的機會。

接著，艾柯卡大膽革新了傳統生產經營方式。克萊斯勒的傳統不是看行情生產，而是生產大批汽車之後，任其流入庫存。這種方式能夠保持生產線的運轉，卻隱藏著許多弊端：經理們能因此吹噓產量而多拿獎金；大多數產品常常最終減價售給車行，以抵償露天存放所繳納的稅金。

艾柯卡決定，最後一輛存車買出之後，立即停止這種傳統生產方式。同時，他根據日本人的經驗，更改運輸線路，使配件工廠緊靠流水裝配線，從而把裝配時間縮短了二十四小時以上。他採取用同一規格部件配數種車型的辦法，設法將七萬種配件綜合為四萬種，從而大大減少了加工程序，僅這兩項改革，就為公司每年節約七·五億美元。

通過一系列雷厲風行的改革，克萊斯勒公司終於度過了最凶險的時刻。一九八二年，它的股票價格上漲百分之四百二十五，十一種車型投入市場；到一九八三年初，已淨賺二·五億美元，擺脫了連續四年虧損的危境。

當然，並沒有一定的公式能夠使企業家看到問題或錯誤的本質，也沒有一定的公式告訴他們如何克服這些問題和糾正這些錯誤。一般說來，如果一個企業在競爭中取得勝利，是因為和競爭對手的經營方式不同，那麼，當它失敗的時候，也有其特殊的原因；而當它再度振興的時候，它克服困難的方法也獨具特色。重要的是，當困境出現時，必須全力以赴地進行創造性的變革，才可能迎來新的轉機。這就是「窮則變，變則通」的要旨。

與時偕行

「與時偕行」一語，《易傳》多處提及。《文言傳・乾文言》說：「終日乾乾，與時偕行。」這是對乾卦九三爻辭「君子終日乾乾」的解釋。「時」，即天時；「偕」，即偕同；「乾乾」，意即健行不已、進取不息。這兩句話的意思是：君子不停地進取，完全是隨天時的變化而動。程頤在《伊川易傳》中的理解便是如此，他說：「『終日乾乾，與時偕行』，隨時而進也。」

「時」是《周易》十分重要的術語，意指每卦卦義的特定背景，亦即每卦由六爻共同構成的特定的宏觀形勢。六十四卦即表示六十四「時」。卦中各爻的變化，總是受制於全卦總的時勢，所以《系辭下傳》說：「變通者，趨時者也。」如果某一爻的變化符合該卦的時勢，就叫「適時」；反之，就叫「失時」。《易傳》認為，卦爻之吉凶，往往取決於其所處的時位，適時則吉，失時則凶。因此

《易傳》極為重視「時」的功用，《彖辭傳》就曾多次稱嘆「時大矣哉」！

通俗地說，時勢就是企業面臨的客觀形勢，亦即企業外部環境的變化趨勢。時勢是社會各種力量綜合作用的結果，因而是單個的企業無力左右的。相反，企業本身就是一個開放系統，一刻也離不開它所處的環境，因此對企業來說，時勢的作用是決定性的。適時則吉，失時則凶，企業要想生存和發展，就必須「與時偕行」。

就企業管理而言，時勢又有廣義和狹義之分。廣義的時勢，是社會的總趨勢，是時代的大潮流，是政治經濟文化發展的宏觀形勢。例如，我國改革開放的政治氣候，就是當前最明顯的時勢。沿海地區聞風而動，步子快，膽子大，放得開，這就是適時；而內地曾一度疑慮徘徊，相對而言就是失時。狹義的時勢，則是指市場需求的變化趨勢。

那麼「與時偕行」就意味著，企業經營必須以市場為起點，無論是發展國內市場，還是開拓國際市場，都要研究市場的需求變化，了解市場的潛在需求，預測市場的發展趨勢。誰能掌握市場信息，緊跟市場需求的變化趨勢，誰就能爭取市場，就能贏得市場，就能在市場競爭中取勝。

例如，大連第五塑料廠就是一家深通「與時偕行」之道的企業。該廠以自己獨特的超前意識，緊緊追蹤市場信息所表現出來的新的社會需求，迅速制定自己的開發目標，不斷搶占了市場的制高點。正是靠了這一點，這個廠一躍而為全國首批公布的四十五家一級企業之一。前幾年，高跟皮涼鞋由於受工藝限制，滿足不了市場需要，該廠看準形勢後，立即發揮了他們的技術特長，結合全塑料鞋和皮高跟鞋的特點，試製生產了全塑高跟女涼鞋。

這一產品在全國定貨會上，不僅受到百貨部門的歡迎，也引起了同行業的重視。產品連續八年暢銷不衰。後來，當這個廠看到全國各地同行業也開始生產這一產品，他們經過分析預測，認為市場將會出現產大於銷的傾向，於是立即轉向，設計並生產了式樣新穎的滿坡跟、五層跟、半坡跟鞋。

這些新產品鞋，在全國訂貨會上再次引起轟動。這個廠還根據農民「幹活有雙耐穿鞋，出門有雙漂亮鞋，進門有雙舒服鞋」的需求，有針對性地設計並生產了滿足農民需求的新產品，在城鄉消費者中占據了很大的市場。

要做到「與時偕行」，關鍵就在掌握信息、審時度勢。市場環境錯綜複雜，用戶需求千差萬別，再加上情況又變化多端，企業必須對市場進行充分研究，才可能作出正確的決策，適應形勢的發展。

研究市場需求，首先就要及時掌握全面、準確的市場信息。這就要求經營者對市場信息感知敏銳，能從細微的徵兆中預感到未來的趨勢；同時，還要求經營者對信息有科學的整理、分析能力，從而能夠去偽存真，把握有價值的信息。只有這樣，經營者理解時勢、果斷決策才有科學的依據，企業適時應變、與時偕行才有可靠的保障。

例如，第二次世界大戰以後，美國鐘錶公司通過市場細分的方法，準確地把握了市場需求，使企業得到了適時的發展。該公司在深入調查的基礎上，將美國手錶市場劃分為三類不同的消費者群。當時幾家著名手錶公司都是以第三類消費者作為目標市場的，而占美國手錶市場九十六%的第一、二類消費群的需求遠遠未得到滿足。該公司發現這個良機後，當機立斷，選擇第一、二類消費者群作為自己的目標市場，並且迅速進入這個市場，結果很快就使其市場占有率大大提高，成為當時世界上最大的鐘錶公司。

成功的企業的經驗證明，只有看清了時勢，了解了市場，才能知已知彼，獨占先機；只有主動適應日趨複雜多變的市場環境，才能在激烈的競爭中立於不敗之地。

見幾而作

「見幾而作」語出《系辭下傳》：「君子見幾而作，不俟終日。」意思是說，君子一旦發現事態的徵兆，就立即行動，絕不等到明天。此處，對「幾」的理解是最要緊的。

《系辭下傳》說：「幾者，動之微，吉之先見者也。」「幾」是事之方萌，有象無形，欲動未動的狀態，未來發展的趨勢是吉是凶，於此已可見端倪。事情尚未發生而空論道理，誰都可以說得頭頭是道；事情已經發生再去總結其理，似乎也容易做到；唯獨事態剛剛萌動就看出它的未來結果，最難。因此《系辭下傳》又說：「知幾其神乎。」事情尚處在似動未動，吉凶兩可的時候，就能見其究竟，預先採取相應措施，這豈不是很神妙嗎？

世界總是紛紜繁雜變動不居的，事態也總是存在著向多種方向發展的可能性。「幾」就是眾多可能性中可以將事態引向吉利的偶然轉機，因此說，它是「吉之先見者」。

「幾」與「時」不同。「時」是已成之趨勢，只可順應，不可阻擋；「幾」是未形之契機，抓住則成勢，錯過則莫追。「時」屬已然，乃宏觀之勢態，大勢已定，則盛衰有期；「幾」屬先兆，乃微妙之樞機，吉凶由人，且稍縱即逝。「時」雖昭著，但人們未必都能看清；「幾」雖隱微，但人們仍然可以把捉。

「幾」與「時」又有聯繫。「幾」是時勢的大潮中激起的浪花，是時勢與企業之間的切合點。抓住了「幾」，企業就可以匯入時勢的大潮而「與時偕行」。俗話說：「機不可失，時不再來」，就是提醒人們迅速抓住機遇，順應時勢。

總之，「幾」不是現實，只是一種可能性。對於企業來說，「幾」就是通常所講的機會、機遇。「見幾而作」就是抓住機遇迅速行動。機遇之可貴，盡人皆知。但能否把握機遇，則取決於經營者的綜合素質。因為機會常常隱藏在普通的事件之中，常常以偶然性的面貌出現，沒有什麼固定的程式可以用來發現它。

對於「見幾」者來說，一些苗頭透露著令人興奮的成功希望；而對於大多數人來說，這些苗頭微乎其微，根本沒有必要多看一眼。於是機遇從大多數人身邊擦肩而過，卻停留在優秀企業家的眼前。

五〇年代，法國白蘭地開拓性地打入美國市場，就是「見幾而作」的成功範例。法國白蘭地酒，享有盛譽，暢銷不衰。法國釀酒業的眼光開始瞄準美國市場。如何打入美國市場？

他們沒貿然採用通常的推銷手段，而是選擇了一個絕好的時機：即借美國總統艾森豪威爾六十七壽辰之際，舉行一個隆重的儀式，贈送二桶窖藏達六十七年之久的白蘭地酒作為賀禮，以表達法國人民對美國總統的友好。當他們將這一消息透過各種渠道傳到美國，立即引起了美國公眾的極大興趣。

總統壽辰之日，賀禮由專機送到美國。華盛頓竟出現了萬人圍觀的罕見場面。美酒駕到的新聞報道、專題特寫、新聞照片擠滿了當天各報版面。當兩桶白蘭地美酒由四名英俊的法國青年抬進白宮亮相時，群情沸騰，歡聲四起，有人甚至大聲唱起了法國國歌《馬賽曲》。就這樣，法國名酒白蘭地在熱烈的氣氛中昂首闊步走上了美國國宴和家庭餐桌。

從表面上看，美國總統一年一度的生日實屬平常，似乎與法國的釀酒業沒有什麼關係，但在優秀的企業家眼裡，平凡的事件中也可能潛在著機遇。當然，法國釀酒業的這次壯舉，並非一時心血來潮憑空想像出來的。在此之前，他們搜集了大量的信息，如美國民眾飲酒的風俗、法美關係的發展動態、年內有影響的節假日和慶典活動、艾森豪威爾總統在美新聞界的影響等等。他們正是透過對大量信息的吸收、分析和篩選，才確定了這個最佳方案。把法國白蘭地與美國總統壽辰聯繫起來所取得的成功，充分顯示了經營者對信息的卓越鑒別力，和對機遇的出色感悟力，而這正是把「幾」從隱微狀態下發掘出來的必要條件。

如果說「幾」的隱微特性決定了「見幾而作」必須具備敏銳的感悟能力，那麼，「幾」的稍縱即逝的特點又決定了「見幾而作」必須具備快速的反應能力。快速反應，不僅包括快速吸收信息、傳遞和篩選信息，而且包括快速決策、快速設計和投產以及快速投放市場。靠快速反應抓住機遇占領市場的例子，古今中外屢見不鮮。

如日本新力公司創始人井深大等人，從一開始經營公司起，就立志要「率領時代新潮流」。一次偶然的機會，井深大在日本廣播公司看見一臺美國造的錄音機，便搶先買下了專利權，很快生產出日本第一臺錄音機。一九五二年，美國研製成功「晶體管」，他立即飛往美國進行考察，並果斷地買下這項專利，回國數週後便生產出公司第一支晶體管，銷路大暢。當同類廠家也生產晶體管時。他又出人意料地生產出世界第一批「袖珍晶體管收音機」。

新力公司總是能抓住機遇迅速開發新產品，並以迅雷不及掩耳之勢獨占市場，常常使競爭對手措手不及，處於被動。可見，精明的經營者總是善於從事態的徵兆中發現機會，然後牢牢把握機會迅速行動，使自己的事業不斷發展。

居安思危

居安思危是《易傳》反覆強調的一個觀點。《系辭下傳》說：「危者，安其位者也；亡者，保其存者也；亂者，有其治者也。是故君子安而不忘危，存而不忘亡，治而不忘亂，是以身安而國家可保也。」意思是說，危與安、亡與存、亂與治是相互依存、相互轉化的。

今日的危殆，是由於昔日安逸於其權位引起的；今日的滅亡，是由於昔日自以為永保生存而沒有憂懼造成的；今日的敗亂，是由於昔日自恃萬事皆治而忽略荒殆招致的。所以君子應當居安思危，安居時不忘危殆之苦，幸存時不忘滅亡之痛，整治時不忘敗亂之禍，這樣才可以保持長治久安。

在《周易》的六十四卦中，既濟卦的象數結構最為完美：陰居陰位，陽居陽位，陰陽相應，六爻得正。《雜卦傳》說：「既濟，定也。」定就是穩定。程頤的《伊川易傳》也說：「各當其用，故為既濟。天下萬事已濟之時也。」顯然，既濟卦代表一種安定和諧的局勢。然而《象辭傳》卻告誡說：處既濟之時，「君子以思患而豫防之。」《伊川易傳》的解釋是：「時當既濟，唯慮患害之生，故思而豫防，使不至於患也。自古天下既濟而致亂者，蓋不能思患而豫防也。」

一般說來，當人們取得成功之後，極易萌生鬆馳驕懶之心，天下萬事敗亡之機往往隱藏於此。因此《周易》設既濟一卦提醒人們：越是身處順境，局勢安定，越要居安思危，防患於未然。

那麼處順居安之時，應當如何思危防範，才能保持事業長盛不衰呢？《易傳》認為，必須戒懼。《象辭傳》既濟卦六四爻說：「終日戒，有所疑也。」由於常疑患難將至，故終日戒懼不怠。

首先，戒懼就是從思想上加強警覺，防止鬆懈。隨著成功的到來，人們往往會產生盲目樂觀的情緒：以為危險已經過去，前面將是一路坦途。於是，一方面容易低估前進中的風險，麻痺輕敵，輕率冒進；另一方面容易對自身存在的問題掉以輕心，聽之任之。輕率冒進的結果必然是慘痛的失敗；而內部存在的問題，如果不能及時解決，也可能釀成大禍。

因此，在這個時候，管理者必須從思想上保持高度的警覺性，必須對即將遇到的困難和自身存在的問題有一個清醒的認識，決策必須要有科學依據，行動必須更加謹慎小心，尤其重要的是，必須建立一個有效的預警系統，以便及早發現自身存在的問題，採取相應的預防措施。

其次，戒懼就是要始終保持強烈的危機意識和緊迫感。巨大的成功容易讓人產生一種錯覺：即以為艱苦的創業已經完成，剩下來的事僅僅只是保持和享受已取得的勝利果實而已。然而，天下之事，不進則退。一味的被動守成，不思進取，將難免坐失良機，以致在激烈的競爭中敗北。一個企業只有始終保持生存的危機感和競爭的緊迫感，才會不斷地尋找戰機，主動出擊。而唯有不停地適時達變，才是保證企業持續發展的恆久之道。

美國的柯達是眾人皆知的名牌，曾稱雄世界攝影器材市場一百多年。它的銷售額最高時達二百多億美元。在長期的市場競爭中，它曾取得過輝煌的成功，並形成了一個強大的柯達王國。但是，如今的柯達卻陷入了困境，步履維艱，日呈夕陽西下之勢。

在一九四〇年代以前，柯達的發展道路是比較順利的。但是進入五〇年代以後，由於競爭的後起之秀出現，對柯達形成了強大的衝擊波。五〇年代以後，成像及攝影技術的發展，使柯達幾經拼搏才度過了這一衝擊。然而好景不長，日本的富士公司很快便脫穎而出，它以柯達的同類產品上市，但其價格卻較柯達低廉，成了柯達的強勁對手。在近二十年時間裡，柯達在競爭中屢遭慘敗，使這個風靡全球的名牌，今天不得不裁員四千五百人和出賣一部分資產，以彌補入不敷出的困境。究其原因，是它成功之後，不能居安思危，致使產品發展戰略出現失誤，產品長期沒有創新。

柯達牌子成名之初，完全是憑產品創新和經營上有奇招而致勝。但是獲得成功之後，該公司以為萬事大吉，未注重產品發展戰略方面的研究，於是再也沒有新產品問世了。一九八八年，該公司看見市場上藥品生意興隆，又步別人後塵，開始涉足醫藥市場，由於經驗不足，銷路不暢，結果效果不佳。

從柯達的教訓可以看出，任何企業，不管它的業績曾經多麼輝煌，規模已經多麼龐大，如果不能居安思危，不能謹慎行動，不能適時達變，就將嘗到失敗的苦果。相反，如果一個企業能時刻保持高度的警覺性，時刻保持強烈的緊迫感，揚長避短謹慎決策，抓住時機迅速變通，它就能不斷擴大自身的優勢，永遠保持生存的活力。因此《周易》說：「其亡，其亡，繫於苞桑。」懂安危存亡相互轉化之理的人，時刻畏懼「其將危亡，其將危亡」，他的事業就會像繫於叢生的桑樹之上一樣，牢固穩定而又持久興旺。

聖人成能：調控原則

企業的經營管理是一個動態的過程，要求企業領導人隨時根據新情況、新問題不斷地進行調控，以克服主觀與客觀之間的矛盾，使企業的運轉始終保持一種良性的循環，能夠順利地實現自己的組織目標。由於主觀與客觀之間的矛盾是永恆存在的，人對客觀規律的認識不能一次完成，因而決策和計劃的實施總是會發生或大或小的「錯誤」，與客觀實際不相符合。所謂調控，就是在信息反饋的基礎上對這些「錯誤」進行修正，以求得主觀與客觀、動機與效果的統一。

《易傳》認為，聖人作《易》的目的在於開物成務，即開達物理，成就事務，把認識客觀規律和人對這種規律的利用兩者結合起來。因此，圍繞著聖人成能提出了一系列的調控思想。

聖人成能語出《系辭下傳》：「天地設位，聖人成能。」成能即成就天地所不能成之功。天地自然的客觀規律無思無為，對人事的吉凶禍福漠不關心，但人可以根據對客觀規律的認識來謀求事業的成功，離開了人事的努力固然不能成功，違反客觀規律而盲目行動也是不能成功的。這是進行調控必須遵循的一條總的哲學原則。

「順天應人」，是說上順天理，下應人心。天理指客觀規律，人心指人們的利益、要求和願望。這兩個方面有時會發生矛盾，或者順天而不應人，或者應人而不順天。一個最合理的調控原則應該是把兩者有機地結合起來，既順天又應人。若能做到順天應人，就可以把廣大職工的積極性調動起來，群策群力，按客觀規律辦事，去制變宰物，對事物的發展進行有效的調控。

「制變宰物」是聖人成能原則的具體化。制是制約，宰是主宰。為了事業的成功，應該發揮人的主觀能動性，特別是發揮企業領導人的聰明才智，去主動地制約和主宰事物的變化，使之朝著有利的方向發展，也就是進行有效的調控。在調控的過程中，建立合理的規章制度是一個十分重要的環節。若無制度的約束，人們各行其是，無章可循，企業組織呈現一片無序狀態，任何的調控都無法進行。但是這種制度的約束必須適度、合理，既能發揮調控的功能，又使人易於接受而感到心情舒暢，決不要為節過苦，對職工採取管、卡、壓的做法。這就是「節以制度」的原則。

此外，關於利益的分配，應該在承認差別的前提下保證分配的公平。這就是「稱物平施」的原則。稱是以秤稱物，物有輕重，而秤之權衡若能輕重持平，恰如其分，這就是公平。因而這種公平不等於平均主義。

所有的調控措施都是為了達到某個具體的目標。對於一個企業來說，應該把「保合太和」樹立為自己的最高目標。太和即最高的和諧。所謂和諧，其哲學的含義就是剛柔並濟，陰陽協調。一個企業若能正確處理各種關係，達到這個最高的組織目標，必將上下一心，產生一種強大的凝聚力，一種團結精神和集體主義，在競爭激烈、充滿風險的市場經濟中，無往而不勝。

順天應人

順天應人的思想在《易傳》中隨處可見，尤其是在《彖辭下傳》兌卦中我們可以看到集中的論述。其中說：「兌，說也。剛中而柔外，說以利貞。是以順乎天而應乎人。」首先，從卦名上說，兌即悅，喜悅、和悅之意。其次從卦象上說，二、五都是陽爻，是謂剛中；三、上都是陰爻，是謂柔外。剛中，陽剛居中，有中心誠實之象；柔外，陰爻在外，有接物和柔之象。剛中與柔外互為條件，才能悅而利貞。否則，有柔外而無剛中，悅而不正，必諂；有剛中而無柔外，悅而不亨，必暴。

最後，從卦義上說，剛中而柔外之象，包含著順天應人之理。因為剛中，所以誠信；誠信則順乎天理。因為柔外，所以和順；和順則應乎人心。

程頤的《伊川易傳》解釋說：「是以上順天理，下應人心，說道之至正至善者也。若夫違道以幹百姓之譽者，苟說之道。違道，不順天；干譽，非應人。苟取一時之說耳，非君子之正道。君子之道，其說於民，如天地之施，感於其心而說服無屈。」

意思是說，順天應人是兌卦和悅之道的最高標準。所謂順天，就是遵循客觀規律辦事；應人，就是符合人們的普遍要求。做到了這兩點，天下之人就自然會心悅誠服。如果完全是為了一時取悅於人，就難免作出一些違背自然的事來，從而實際上也違背了人們的根本要求。這樣，既非順天，又非應人，是不會有好的結果的。如兌卦六三爻辭說：「來兌，凶。」來兌即求悅。悅自有道，不可故意去求。公然「來兌」，便是失道求悅，所以凶。

因此兌卦《彖傳》又說：「說以先民，民忘其勞；說以犯難，民忘其死。說之大，民勸矣哉。」聖明的君王絕不會故意取悅於民，但由於他能夠順乎天而應乎人，因而，他必然會「說以先民」，平時就使人民養生送死無憾而欣悅在先；他必然會「說以犯難」，遇到危難的時候又根據人民的意願而戰，於是需要人民出力的時候，民就忘其疲勞；需要人民打仗的時候，民就忘其死生。可見，順天應人的和悅之道是何等偉大，依此行事，人民自然會自覺勤勉努力。

在這裡，《易傳》以國家為例分析了一個組織系統有效運作的理想狀況。它認為，在一個以人為核心的組織系統中，組織成員欣悅高昂的精神狀態，是戰勝艱難險阻、實現組織目標的根本保證。而能否使組織成員始終保持這種欣悅昂揚的精神狀態，則取決於管理者的組織調控行為能否順天應人。

一個組織系統的建立，無非是為了達到一定的目標。為了確保組織系統的正常運轉和組織目標的順利實現，防止和糾正各種偏差，必須建立有效的調控機制。調控的對象是組織系統內部諸要素。調控的過程一般是通過內部的信息交流來完成。這個過程可以大致分為四個環節：①制訂標準；②實施監測；③分析現狀，找出問題；④改進現狀，矯正偏差。管理學理論發展到今天，組織調控的方法已日趨完善。然而，儘管調控的具體方法不斷翻新，但調控之所以有效，仍須遵循一個基本原則，即順天應人原則。

在西方，管理思想的發展經歷了一個曲折的過程。與此相應，關於組織內部調控理論的重心也發生了深刻的變化，但最終還是走到以順天應人的原則的軌道上來了。最早的泰勒制，重點放在如何提高車間、班組的工效上，把人當成機器對待。二〇年代後，出現了行為科學，把人看成是追求滿足需要的感性動物，強調工人之間感情融洽、心情舒暢，可以提高工作效率。這就開始重視低層次上的人的管理，即單純從滿足個人需要出發，尋求提高人的積極性的途徑。

四、五十年代後，「管理科學」系統工程等定量分析蓬勃興起，主要從管理調控的方法技術方面下功夫，從而在更高的層次上回到了早期重順天輕應人的道路。六、七十年代以後，特別是八〇年代，日本經濟迅速崛起，並對美國構成了挑戰和威脅。美國經過認真地分析研究，認為人的價值觀念等「軟因素」在管理調控機制中占有十分突出的地位。

所以，美國後來掀起了「企業文化熱」，其核心是強調人的精神，使企業的職工形成共同的價值觀念即「共識」。從而進入到了高層次的人的管理，即重視改善職工的精神面貌，從精神境界出發來進行人的管理調控。

從日本、東南亞各國的成功經驗來看，經濟的騰飛必須以本民族的文化傳統為根基，企業的管理也必須以根植於傳統土壤之中的價值觀念為支柱。中國的傳統哲學歷來以天人合一為最高理想，因此特別強調天道與人道的一致性。天道天理固然是不以人的意志為轉移的客觀規律，是一切行動的最終依據，但人心人情作為人們的共同意願，又是天道天理在人間社會的顯現，同樣不可違背。

中國人的傳統信念是，在評價人們的組織管理行為時，不僅要看它是否符合自然的法則，而且要看它的社會效果如何，即是否順天應人，是否合情合理。現代管理理論的發展，證明了中國傳統文化中的價值信念，依然具有強勁的生命力，它不僅不排斥我們學習西方先進的管理方法和技巧，而且還是中國的企業開創一條具有中國特色的企業管理道路的內在靈魂。

制變宰物

「制變宰物」見於明清之際哲學家方以智父親方孔炤所著《周易時論合編·系

辭下》：「故度也者，制變宰物之大權即大經也。」所謂「制變宰物」，就是依據事物變易的常規，控制事物變化和發展的過程，使之為人類造福。

方以智認為，《易》道的內容有二：一是變易不居，一是變有常度。因為變動不居，所以不能執一而廢百，要通權達變，因時制宜；但變動又有常規或節度，所以又不能任意妄為，制變宰物必須符合事物的變化規律，必須中乎其節，合乎其度，無過與不及之偏差。

制變宰物是《易傳》的一個重要思想。全部的《周易》講的都是變通的道理。變通有客觀自然的變通，也有建立在此基礎之上的人為能動的變通。制變宰物就是人為能動的變通。《系辭上傳》說：「範圍天地之化而不過，曲成萬物而不遺。」宋儒朱熹《周易本義》解釋說：「範，如鑄金之有模範；圍，匡郭也。天地之化無窮，而聖人為之範圍，不使過於中道，所謂裁成者也。」範圍，即該括、制約。這句話的意思是說，聖人的所作所為，無非是效法天地變通之道，把事物的變化引向合情合理的常態而無有偏差，並根據時勢的發展，委曲成就萬殊不同的事物而無有遺漏。

《象辭上傳》泰卦又說：「天地交，泰。後以財成天地之道，輔相天地之宜，以左右民。」財，同裁。人（君王）應當體會天地通泰之象，裁削天地之道，使之成為對人民生產生活有用的東西。

對此，王夫之《周易內傳》有過精彩的解釋：「後則兼言裁輔者，於天亦有所裁，而酌其陰陽之和；於地亦有所輔，而善其柔剛之用，教養斯民，佐其德而佑之以利。」人在事物的變化面前並非完全無能為力，所謂裁成輔相，便是人類最偉大的制變宰物之壯舉。

制變宰物的前提，就是要對事物變化的本質和規律有深刻清醒的認識。因為人的主觀能動性是有限度的。人可以一定程度上改變事物發展的進程，但無法改變客觀規律本身。人對事物變化的干預，只能是遵循和利用客觀規律，將事態引向既順天又應人的方向上去。因而，唯有立足於知變通變，才有可能裁制其變。

對於一個組織系統來說，變的因素來自內部與外部各個方向。能否把握各種變化，並對其加以裁制引導，取決於組織系統的調控機制的有效程度，實際上它是組織系統生存能力的重要標誌。

制變宰物作為組織管理的調控原則，要求人們從開放的、動態的角度來理解企業，控制企業。一方面，由於企業是一個開放系統，時刻與外界環境進行著物質、能量和信息的交換，因此，對企業的管理調控，就不能單純地理解為企業內部的監測糾偏活動。隨著市場的激劇變化，企業必須及時地調整改變其組織目標、組織形式乃至控制方法，才能保證它的生存和發展。另一方面，由於企業本身處於動態的發展過程之中，不同的發展階段具有不同的特點，因而要求企業採用不同的組織調控方式與之適應。

無論外部還是內部環境的變化，都要求企業迅速作出反應，及時調整自身的運作機制，把企業控制在健康發展的狀態之中。

總之，內部和外部環境的變化，是制定組織目標和選擇組織形式的前提，同時也是建立組織系統中協調和控制機制的起點。主動地調整自身的機制以適應和引導這種變化，就是制變宰物的調控原則的關鍵所在。

✖節以制度

語出《彖辭下傳・節卦》：「天地節而四時成。節以制度，不傷財，不害民。」節謂節省，節制，不濫，不過，不奢，又可引申指制定遵從適當的規範。《伊川易傳》認為，凡事有節則能亨能通。天地運行，有一定之規，四時由以得成。人事也是同樣，不能沒有制度。人欲無盡，不節以制度，就多放肆，從而導致傷財害民。

為上者自身有所節制，這樣才會不額外侵擾於下，此當是節卦本義。但節的道理適用於任何人。不節省財用，不節制欲望，必然陷於窮困。個人是這樣，由個人組成的集體更是這樣。只有建立起完整的規章制度體系，組織的管理才能有秩序性、穩定性的保證，管理的過程也才有確定的路徑軌道可循。

所以在管理過程中，正確的態度應該是，沒有制度化，就要堅決制度化。因為這是前提，是任何管理思想產生實際效果的不可少的外在化仲介。而在有了制度化以後，又不滿足於制度化本身，要努力追求制度的活力。

就我國目前的實際情況看，大部分企業所面臨的問題，首先是如何建立起一套行之有效的制度。上海手錶上是一九九一年被評為國家一級企業的。它之所以取得這樣的成績，其首要原因是，該廠圍繞質量、消耗、經濟效益三個方面，都形成了一套明確的制度條例，從而大大強化了基礎管理。

一個紀律渙散，體制混亂的企業，不要說升級進步，就連維持正常的運行都會十分困難。正是看到這一點，松下幸之助才很有感觸地說，企業團體內部的規章紀律，也要公平嚴格地維護。人事管理章程和作業守則等規定，不只是新進的小職員，連公司的社長、會長也要遵行不逾。只有領導對規章紀律抱嚴格維護的態度，公司的秩序才能上軌道，職員的士氣才能提高。

有些理論家片面強調人性化的管理方式，從而導致否定制度約束的必要。這樣的理論以為只有「百花齊放」，只有放手讓職工去做，才能保證企業的活力，而確定的組織形式只會消除人們生動的創造力、想像力。這其中的荒謬性，起碼在實踐的意義上，是不言自明的。

另外，一些片面的理性化管理的鼓吹者，把分析的方法作為解決問題的根本手段，建議儘可能實行計量化、嚴格化的管理模式和紀律。管理實踐同樣證明這是不可取的。

《彖辭下傳·節卦》中說：「苦節不可貞，其道窮也。」節的原則本身也應該是有限度的。節而太過，以至於苦，則必不能持久，故稱「其道窮也」。人不是機器，而是血肉豐滿的個性化生命，用過分繁瑣嚴苛的紀律，試圖把人的全部活動都加以規範化的控制，就會引起反彈，結果將與全然沒有制度相同，那就是組織系統陷於混亂。所以，片面制度化的鼓吹與片面人性化的鼓吹一樣，都是貌似有理，實則無法付諸應用。

行之有效的管理將是靈活地、有選擇地在這兩種傾向間尋找到的一種有效平衡，而其中尤以制度性為基礎。積極的人性化因素只能寄托在制度之上，這樣，管理系統的調控，才能既是穩定的、一貫的，又是靈活的、適時的。

在這個意義上，「節」指向的，與其說是某種固定不變的規則制度，不如說是一種動態的，根據具體情況條件能夠隨時加以調整的人的活動本身。現代管理理論普遍重視制度的這種運用性。比如控制被認為是管理最重要的職能之一，控制必須設定控制標準，設定確定性的工作指標，諸如速度、次品率、質量、銷量、原材料消耗等，這些指標都是管理目標的具體化體現。

但，這些制度性的指標本身的靜態存在是沒有意義的，它們必須被貫徹到實現到動態的控制活動中去。這種動態的控制實踐包括：①用控制指標衡量實際的工作情況；②建立有效的反饋，把實際狀況及時準確地反映給管理人員；③針對實際情況與計劃目標間的偏差，採取糾正措施。

在這個意義上，節是制度，更是控制，是靜態的計劃指標與其在持續不斷的控制實踐中的動態展開的統一。

稱物平施

語出《象辭上傳．謙卦》：「地中有山，謙。君子以裒多益寡，稱物平施。」君子觀謙之象，有得於心，施諸人事，就是要取有餘，補不足，隨物而與，施不失其平。

任何意義上的人類共同體或組織，都會由於這樣或那樣的原因，以這樣或那樣的方式，產生各種分歧、爭論以至對抗。這些分歧、爭論和對抗，也就是現代組織行為學中所說的「衝突」。任何共同體，都只有衝突程度高或低的問題，而沒有有無衝突的問題。可以說，衝突是伴隨組織現象而必然產生的，因此，對於組織的領導者來說，如何看待衝突的意義，如何正確處理衝突行為，就成為一個不容迴避的重要課題。

組織內部的衝突既是必然的，在一定限度內也是有積極作用的。比如，衝突可以使相互對抗的成員適當發洩他們胸中的不滿，以免釀成極端反應；衝突可能促使舊的不合理目標的及時修改，代之以更合適的目標；衝突可能刺激各部門成員的額外動力等等。

但衝突超過一定的限度，就會對組織共同體帶來危害。衝突的極端激化，將最後導致組織內秩序的紊亂以至完全崩潰。所以，對於必然存在的衝突，就存在一個如何隨時加以調整，以避免其過分激化的問題。

衝突的具體原因紛繁多樣，但需要管理者首先加以考慮的，是不同利益的分配問題。任何特定組織在確定的時空限度內，能夠拿出來供組織內分配的利益資源，包括權力、報酬、恩寵、聲譽等，總是一定的，這與人的貪婪的欲望形成巨大的反差。美國一家著名公司的財務副總裁說過，在他的工作中，最棘手的問題莫過於怎樣切分一塊餡餅，以避免某些貪心者吃得過飽，而使得另外一些人可能根本吃不上。所以，調整衝突，保證組織內部秩序性的關鍵，是恰當地進行利益分配。

傳統管理思想一貫重視的，是在承認差別的前提下保證這種分配的公平性，這也就是《易傳》所謂「稱物平施」的實質。之所以要這樣做，是因為組織的健康發展以至存在，要以各個組成部分間的大體平衡為前提。當不同團體發生利益衝突時，最通常的方式，是對過強的一方加以必要的抑制，從而使弱的一方得到一定彌補。弱的一方利益被過度侵占後，結果要麼是陷入絕境，歸於毀滅，要麼是奮起爆發，使組織的同一性成為不可能。顯然，兩種結果都意味著管理的失敗。正是出於這種考慮，才有一代又一代有識之士對兩極分化的擔憂。為了避免由於貧富懸殊而造成的悲劇性結局，管理者就要發揮主觀能動性，在矛盾激化前，有意識地採取某些措施，使利益在富與貧之間得到重新劃分，以保障貧者的生存權利不受侵害。

當然，裒多益寡追求的結果並不是貧富之間的絕對平均，這既不符合社會發展的客觀規律，也同樣不符合避免衝突激化的本來動機。王夫之因為特別重視問題的這個方面，所以在《周易外傳》中釋「裒」（ㄆㄡˊ）為聚加，認為「平不平者，惟概施之而無擇，將不期平而自平。……寡者益焉，多者亦裒焉，有餘之所增與不足之所補，齊等而並厚，樂施之而不敢任酌量之權。」當然，由於貧富多寡自身情況不同，從這種施與中得到的好處數量不同，「多者不能承受而所受寡，寡者可以取盈而所受多」，則可任其自然，而不致徒生恩怨是非。這種解釋似也自有其合理之處。

總之，稱物平施所謂的平，只能是相對的平，是建立在承認現實差別的既定性基礎上的平。差別的惡性擴大固導致不平，人為地強行鏟除差別，同樣會導致不平，所以只能具體研究各部分的實際情況，予以不同的對待。

在現代企業管理中，企業內部不同成員的利益分配是一個十分敏感的問題。如何既避免大鍋飯的平均主義，又防止沒有限制的收入差別，是一個有待操作實踐進一步探索的問題。

上海鐵合金廠實行職代會審議幹部獎金的制度，很有啟發意義。前幾年，該廠一度單項獎發放名目繁多，許多不通過職代會，幹部工人差距過大，工人們氣憤地說「工人流汗多，幹部掙錢多」，影響了生產積極性。後來，經各方面做協調，由廠職代會聯席會議對幹部每年單項獎總額規定了限額，並建立了監督機制，有效地調整了本來不合理的幹群利益分配關係從而收到了顯著效果。

企業出現了「以生產促分配，以分配促生產」的良性循環，經濟效益年年遞增。有些企業，設備技術、員工素質都很好，可就是內部渙散，人心浮動，管理水平上不去。究其原委，往往是一部分領導人員不能正確處理與職工的關係，過分追求自己私利，引起了群眾的反感。其實，不形成團結的整體，企業得不到發展，領導的利益最終還是會受到損害。

正是出於這樣的考慮，《彖辭下傳・損卦》在堅持「損下益上，其道上行」的原則的前提下，強調君子必須「懲忿窒欲」，不能為了滿足一已貪欲而無限度地剝奪屬下。必要的時候，如災荒年景，還應輔以必要的損君益民，所謂「損剛益柔有時，損益盈虛，與時偕行」。《彖辭下傳．益卦》更正面提出「損上益下，民說無疆。自上下下，其道大光」。在上者作出一定的克制，讓利於民，可以使屬下悅（說）樂非常。就在上者而言，這樣做似有所失，然所失者小，所得者大，小生而大得，似損而實益。

✖保合太和

語出《彖辭上傳．乾卦》：「乾道變化，各正性命，保合太和，乃利貞。」太和，即最高的和諧狀態，指陽剛之勢配以陰柔之德，使剛而不暴，保持陰陽高度協調的境地，方有利於事物的鞏固和健康的發展。

王夫之在《周易內傳》中將太和解釋為陰陽合一之氣，認為此太和之氣乃宇宙的本體，天地萬物和人類皆稟此氣得以共存共榮。從而在其《外傳》中提出：「天地以和順而為命，萬物以和順而為性」，視和諧與均衡為宇宙的根本法則。所以中國歷代的社會政治管理觀念，皆以守持中道，追求均衡融洽為最高準則。

儘管在具體闡發、操作的過程中，這種組織管理思想或者不無偏頗，但其中的基本精神卻是應受到肯定的。組織系統的管理過程，很重要的一個方面，就是調整解決內部的各種衝突，以保證系統結構的平衡、穩定。只有這樣，組織才便於擺脫各種無序性的干擾，充分發揮其活力機制。當然，解決衝突不是消滅異已，均衡融洽也不是定於一尊，而是和而不同，使統一體的各部分處於高度和諧的境地。

同西方的傳統思維相比，在承認分別的必然性合理性的前提下，中國文化更重視和合融洽的組織狀態。因為強調和諧，所以它的組織協調原則更多地強調寬恕、克制、容忍；強調虛懷若谷，毋意毋必等。

《中庸》說：「萬物並育而不相害，道並行而不相悖。」大家在和平融洽的良好氣氛中，各盡所能，這是中國管理思想的一貫追求。

西方管理學理論同樣有一個尋求系統內衝突的解決途徑的問題，但由於其固有的文化背景，這個問題一直沒有得到較好的解決。西方的傳統思維，習慣於將世界都一分為二，如靈魂與肉體，現象與本體、自然與超自然，先分裂而後再行和諧溝通，就格外困難。所以西方管理思想，特別在其早期，普遍地顯出科學主義傾向。也就是管理者主要借助一些被認為具有科學性的固定規範，來實施對組織系統及成員的控制。只是隨著社會的發展，特別在二次大戰後，這種把對象作為客體的管理方式愈來愈行不通以後，才出現了管理方式探索的轉向。

日本企業界之所以能在二次大戰的廢墟上迅速崛起，令歐美同行無法與之抗衡，很重要的一點，要歸功於其企業文化建設中接受的東方傳統和諧思想的影響。松下幸之助曾引《墨子》中的話提出，天下發生禍害和怨恨的根本原因，在於人們不能互愛。所以要和平相處，就必須互愛互敬，重視對方的利益。

一個領導者尤其要以兼愛天下的胸襟，依循適當的原則，促成共存共榮的興旺局面。這樣的觀念，這樣的認識，在日本最優秀的企業家中，幾乎得到了普遍的公認。所以其企業組織的有機整體性特別強，經受各種震盪衝擊的能力普遍高於歐美企業。企業不輕易解雇員工，員工也不輕易離開自己從屬的公司。

兩千多年前，孟子就告誡齊宣王說，君之視臣如手足，則臣視君如腹心；君之視臣如犬馬，則臣視君如路人；君之視臣如土芥，則臣視君如寇仇。認為國君的重大責任是同臣民和諧相處。管理行為實施的最高與最後準則，只能是保障組織的秩序和活力。秩序和活力都基於組織系統的凝聚力，這就要求管理的調控活動，在根本上必須符合結構均衡與協調的需要。

仁以守位：用人原則

人才是決定一個企業興衰成敗的關鍵。唐朝文學家、哲學家韓愈（七六八—八二四）曾說：「世有伯樂，然後有千里馬。千里馬常有，而伯樂不常有。」意思是說，人才是到處都有的，但是善於識別人才的人卻不常有。因此，為了企業的興旺發達，領導者應該知人善任，為人才發揮作用，提供良好的精神和物質條件，奉行仁以守位的用人原則。

「仁以守位」語出《系辭下傳》：「何以守位曰仁，何以聚人曰財」。仁即仁愛忠厚之心，一說仁即人，意為只有以仁愛忠厚之心把人才薈萃於自己的周圍，才能鞏固領導者的地位，至於聚集人才的途徑則是依靠財物。這句話把精神條件和物質條件兩方面都提到了。根據這條總的原則，《易傳》引申出以下幾條較為具體的原則。

「容民畜眾」，是說領導者應該豁達大度，有一個廣闊的胸懷，能夠容納、蓄養各種不同類型的人才，不可偏狹固執，妒賢嫉能，排斥異己，任人唯親。

其實，每個人都有一定的長處，因而每個人都可以說是一個人才，只是常常由於領導者不善於識別，沒有把他擺在適當的崗位上，用其所長，以致埋沒了人才。因此，領導者是否具有容民蓄眾的廣闊胸懷，是能不能廣泛招納人才的一個重要關鍵。

「尚賢養賢」，是說領導者對人才既要表示人格上的尊重，又要進行物質生活上的照顧。尚是崇尚之意。一個領導者如果得不到有才能的賢人輔助，將會寸步難行，所以必須尚賢。但是，如果有才能的賢人缺乏較為優裕的生活條件，將會不安其位，所以必須養賢。

「相親相輔」，是說在領導與職工、上級與下級之間，只有彼此信賴，相待以誠，才能發揮相輔相成的作用。如果互不信任，不以誠信作為處理人際關係的準則，就會破壞團結的精神紐帶，人與人無從親密比輔，從而使企業的組織系統陷入解體。因此，作為企業的領導者，應該坦然大公，無所偏私，待人以誠，相處以信，以贏得廣大職工的信賴，相互之間結成一種親密比輔的關係。

「厚下安宅」，是說領導者必須關心職工的生活，使他們得到較為優厚的福利保障，從而安心工作，更好地發揮積極性。一個優秀的企業家，應該儘可能地創造條件，把企業的利益和職工的利益結為一體。如果領導者對職工的疾苦關懷備至，就會激發職工對企業的忠誠。反之，如果不聞不問，漠不關心，就會造成職工與企業之間的利益上的對立，從而挫傷了職工的積極性。

「利物和義」，強調義利合一、道德教化（職業道德）與職工福利統一的思想。只有利物才能和義，而和義又反過來促進利物，這兩者並不矛盾，而是一種相反相成的關係。如果既重視職工的福利，又加強職業道德的培養，把兩者有機地結合起來，這就是一個完整而不片面的激勵原則了。

「揚善懲惡」，都是一種激勵的手段，有善予以表揚，是正面的激勵，有惡予以懲戒，是反面的激勵，兩者不可偏廢。

北宋文學家蘇東坡（一〇三六－一一〇一）曾寫了一篇《刑賞忠厚之至論》的名文，說明揚善懲惡都要以忠厚之心為出發點，立法貴嚴，責人貴寬，務必以對待君子長者之道對待別人，尊重對方的人格。這個思想是十分卓越的。

容民畜衆

語出《象辭上傳・師卦》：「地中有水，師，君子以容民畜眾。」「師」為軍旅之名。此卦象，上卦為地，下卦為水，水處地中，表示能養民蓄眾。又此卦以一陽統群陰，陰盛呈聚殺之跡，九二為一爻之主，居中而處下，依王夫之說乃大將受鉞專徵之象，故為師，所探求的本是行軍作戰的規律。《彖辭傳》以坎下之水為險，坤上之地為順，九二陽爻居坎之中，喻軍帥剛健而能持中正以與上下相應，結果乃能涉險而如履順。

推廣言之，《彖辭傳》作者認為，遵循這樣的方針來治理天下，同樣可以得吉無咎。《象辭傳》作者把這種精神結合地中有水的卦象，進一步明確化為「容民畜眾」的命題。「容」者容納，「畜」者畜養，「容」與「畜」強調的，都是居統帥之位者，要努力使處下者得其所安所養，就像大地廣涵眾水一樣，撫聚眾人之心。

確實，欲爭天下者，必先爭民心。古代兵農合一，寓兵於民。只有平時容民保眾，戰時才可望得折衝御侮之師。

「師」卦對軍旅戰爭特殊事件的記載，經由《象辭傳》的闡釋和提升，達到了對一般管理活動具有普遍意義的結論。剛中而應也好，容民畜眾也好，在肯定領導者主導地位的前提下，都是強調他應有廣納博收的胸懷，有匯聚吸引各種各樣人才的膽識謀略，要能獲得屬眾的廣泛擁戴。

漢代文景之治時期，安定興旺社會局面的形成，重要原因之一，就是文帝從執政一開始，就在謀士宋昌協助下制定了「王者無私人」的戰略原則，以仁孝寬厚的為政風格，凝聚穩定了全社會的民心。

治天下如此，管理大小團體亦無例外。善於容納團結各種不同類型的人，充分發揮他們各不相同的長處，才能幫助自己逢凶化吉，履險如夷，才能使事業的發展日漸興旺。

本世紀初，蔡元培執長北京大學時，正由於他以崇高的威望和寬廣的胸懷，吸引容留了包括胡適、陳獨秀、李大釗、魯迅、劉師培、辜鴻銘等等一系列觀點迥異、各領風騷的各類人物，才奠定了北大作為學術文化中心和新文化思想策源地的地位。

政治管理與經濟管理目標不同，但在用人原則上多有相通之處。美國的「汽車大王」亨利·福特，據稱其成就功業的唯一絕招，就是招攬和使用人才。

如庫茲恩斯原是馬爾科姆遜的舊屬，他虛榮、自私、粗暴、專斷，卻又聰明能幹，處事果決，對汽車的經營有豐富的經驗。對這樣一個兩面性很突出的人，舊主未能重用，福特卻能倚之為膀臂，用其所長，迅速促進了福特事業的發展。庫茲恩斯受重用後，很快採取了三項重大措施：第一，根據市場預測，提出生產廉價的大眾車以促銷；第二，提議聘用專家進行流水裝配的試驗；第三，建立強大的銷售網。事實證明，庫茲恩斯的三項措施卓有成效。所以，是否能夠吸納優秀人才，同樣是企業管理的關鍵。

美國鋼鐵大王卡內基說過：「將我所有的工廠、設備、市場、資金全部奪去，但只要保留我的組織人員，四年之後，我仍將是一個鋼鐵大王。」話或許有點絕對，但其精神無非是強調人的資源是世間一切事業的前提的前提。

兩千多年前，欲成霸業的始皇帝（前二五九－前二一〇），曾下過一紙逐客令，規定凡非本國人士，一概不許留居咸陽，當官的則一律罷免。如果真這樣執行的話，那恐怕不僅秦成不了一代霸業，反倒很可能早已成了別人的俎上之肉。

秦相李斯（？－前二〇八）《諫逐客書》中說得好，泰山，因為不排斥什麼土石，所以才高大雄偉，河海，僅僅由於收納百川細流，才至於波濤洶湧，深不可測。古今成大事業者，莫不須以吸引延攬人心為第一要務。

尚賢養賢

語出《彖辭上傳・大畜卦》。大畜卦象，乾下艮上，天在山中。天之為物巨大，而畜藏山中，是所畜者至大，故有「大畜」之說。此種卦象，《易傳》作者以為可以給人們帶來兩方面的啟發：一是作為君子，要多多學習記取前賢往聖的道德文章，借以修養充實自我；二是為上處尊者，應能崇尚賢能之士，使其得到恰當的任用奉養而不流失於里野。其中尤以第二種喻意更重要。

所以《彖辭傳》說：「其德剛上而尚賢，能止健，大正也。『不家食吉』，養賢也。『利涉大川』，應乎天也。」尚賢養賢，就可使才德之士紛起效命，避免主政者蔽於一偏的躁進盲動，做到既剛健進取，又篤實冷靜，順天命而盡人事，在對客觀世界全面適應把握的基礎上，不失時機地大有一番作為，開拓出長治久安的嶄新局面。

古今凡能成一代偉業者，可以說，無不是以尚賢養賢為規箴的。人們耳熟能詳的劉邦（前二五六—前一九五）與項羽（前二三二—前二〇二）的故事就是很好的例證。王夫之《讀通鑒論》曾引陳平（？—前一七八）的話評論說，項王所任用者，不是他的本家叔伯兄弟，就是他的內兄內弟，越出這個圈子，「雖有奇士不能用」。項王手下並非沒有吸引過賢能之士，問題是不能識賢、養賢、用賢。唯有一個謀士范增（前二七七—前二〇四）算是例外，還在最後被趕走了。由於這種致命的弱點，儘管項羽可以力拔山兮氣蓋世，終究只有難以影響全局的匹夫之勇。

劉邦就大不一樣。韓信（？—前一九六）早年在項羽帳下，位不過執戟，官不過郎中，幾次獻計，都不被接受。在項羽想來，一個小吏，哪有資格參與將帥們的謀略呢？韓信怒而離楚歸漢，幾經周折，終得劉邦破格重用登臺拜將。

所以，劉邦用他自己的話說，運籌帷幄之中，決勝千里之外，比不上張良；鎮守疆土、安撫百姓、供給糧餉，比不上蕭何；統率百萬之眾，戰伐攻取，不如韓信；卻由於具備能馭用這些賢才的大智的才能，最終打敗了各方面似乎都更強大的西楚霸王。基於同樣的原因，卡內基回顧一生的企業經營戰略，在墓碑上給自己留下了這樣的最後評語：

「一位知道選用比他本人能力更強的人來為他工作的人，安息於此。」

優秀的企業管理家為爭取賢才的努力，在激烈的經濟競爭的背景下，往往達到令人感嘆的地步。美國有一家大公司，想聘用一家小公司中的一位工程師來為自己服務，但這位工程師依戀原有企業，不肯接受大公司的高薪聘請，於是大公司就花費巨額資金連人帶財產整個買下了小公司，從而獲得了這位工程師。

日本著名企業家松下幸之助曾深有感觸地說，再能幹的主管，也要借重他人的智慧和能力。這是公司發展的最佳道路。我自認是公司最差勁的一個，因為年紀大，無論體力還是記憶各方面，都無法和員工們相比，以這種遜色的條件而希望獲得領導的成果，除接受員工的教導從事工作外，沒有第二條路。

連一封信都不會寫的我，能長期擔任公司會長，並且不曾犯什麼大錯，這只能歸結於松下電器公司兩萬五千名同事的聰明才智。松下幸之助的意思無非是說，管理者不要因為自己職位高，就處處比下屬高明，處處可以指示教訓下屬，只有尊重人才的謙虛精神，才能激發人才的創造熱情。

正是認識到賢才的極端重要，在日本，即使家族企業也越來越盛行招攬外人擔任社長代為經營管理的風氣。這種「傳賢不傳子」的作法，以松下電器公司最具代表性。如松下創立者松下幸之助就曾提拔名不見經傳的山下俊彥擔任社長，而讓原來任社長的女婿松下正治改任董事長。本田技研工業公司創業者之一的本田宗一郎也說，他從沒想過要提拔兒子接替由他和老友藤澤武夫一手撐起的企業，因為「家庭歸家庭，事業歸事業」。出於這種考慮，他甚至含著眼淚勸說任常務董事的弟弟和他一同退休。

韓國三星企業集團是排名世界前三十位的著名大企業，它的成功訣竅，用董事長李秉吉的話來說，就是「貫徹了『人才第一』的精神」。李秉吉說從他的三星創業以來，一直花五分之四的時間來吸收與訓練人才。三星也是韓國第一個通過公開考試來甄選人才的企業。

而我們一些國有集體企業的領導，由於缺少競爭壓力，就總怕下屬有人超過自己，你越能幹，我越不用你，甚至千方百計要把你壓下去。這種嫉賢妒能的管理者，怎麼可能領導企業取得好的效益呢。

相親相輔

宋代理學家程頤在《伊川易傳》中解釋比卦卦義說：「比，親輔也。人之類必相親輔，然後能安。」比卦緊接師卦之後，師卦是上坤下坎，水在地中，有容民畜眾之象，強調的是要廣泛吸納各種各樣的人才，兼容並蓄，小大不捐，而比與之相反，是上坎下坤，水在地上，有親和無間之象，強調的是問題的另一個方面，用《序卦傳》的話說，就是「眾必有所比，故受之以比」。

任何人類共同體，其延續發展，都以內部結構組合關係上的協調為前提，能吸納容含人才，識別擢拔人才，這些當然重要，但更重要的還是要能對人才加以合理的組合調配，組織成一個精誠合作、互助互補的強有力集體。

協調緊密的整體的形成，以良好的上下級關係為關鍵，所以比卦著重考察上下主從關係的親輔得以可能的條件。該卦卦象是一陽居君位為九五，上下五陰皆從而應之，《彖辭傳》以為這象徵君德剛中而正，諸陰爻都應來親比於它，所謂「比吉也，比輔也，下順從也」。甚至原來不安順，不來朝的方國諸侯，現在也來歸順親比了，「不寧方來，上下應也」。這就是要求屬下能同心同德，自覺地識大局顧大體，以整體需要和整體利益為考慮問題的立足點。

對於那些不積極前來親比的，《彖辭傳》也有警示：「後夫凶，其道窮也」。所謂後者，從卦象看，應指上六，代表那些應來親比九五剛中，卻遲遲不見諸行動的人。這樣的人，不能識大體順大勢，結果應是窮蹙不堪，所謂凶者是也。

由於比卦作者尊卑等級觀念的影響，其對屬下的規範不免有片面之處，但其中普遍合理的成分，也不必一概抹煞。一個企業，一家工廠，由於內部個別人鬧不團結而長期管理混亂、效益低下的情況，在現實中往往可以見到。這裡面除個別是因過度私慾作怪需加強教育以外，許多情況是由於其特定性格類型，置身於不恰當組合關係中而產生的消極影響。

現代管理心理學通過實證研究得出結論，儘管人的性格氣質並無一般意義上的好壞之分，但在人事選拔、調配、分工等方面，都必須給以恰當的考慮，以求得儘可能的最佳組合。這不僅適用於上下級之間，也適用於同級不同部門崗位分工的人員之間。

日本本田汽車公司在管理上最重要的成功經驗，就是不同性格成員間的親密合作，取長補短。本田最大的優點，就是創立者本田宗一郎的技術開發能力與其創業伙伴藤澤武夫經營力的合璧。

公司面臨重大決策時，由藤澤出面指揮全局，一旦業務展開順利，藤澤即隱居幕後，將本田捧得高高在上，二人完全互相信賴。整體大於個體之合，最好的人集中在一起，不一定有最好的效益，只有將各種人才加以合理化的組合，才能形成有機的整體，減少內耗，發揮出每個人的最大潛能。因而，優化組合原則已成為管理學的基本原則。

就上下級之間的親輔關係的形成條件看，主管者自身的主動努力，應該受到更多的重視。比卦對這個側面也有考察。《象辭傳》說：「地上有水，比。先王以建萬國親諸侯。」《伊川易傳》就此評論說，凡生天地之間者，未有不相親比而能自存者。比之道由兩志相求，兩志不相求則乖離。君懷撫其下，下親輔於上，親戚朋友鄉黨皆然。大抵人之情，相求則合，相持則離，所以先王觀比卦之象，以建萬國而親比下民，撫諸侯而親比天下。

現代管理學表明，一個好的管理者，必然是一個能很好處理與下屬關係的人。處理好與下屬關係，就必須對下屬有應有的尊重。

松下幸之助在一篇題為《連魚都想親近你》的文章中說：「最失敗的領導者，就是員工一看到你，就像魚群似地沒命逃開。」

有鑒於此，參與管理作為一項制度，得到了越來越廣泛的推廣。參與管理，就是讓執行者參與上級的決策活動，這不僅有利於提高決策質量，更重要的是能對下屬產生激勵效果，使管理者與被管理者之間，用人者與被用者之間，建立起更協調一體的關係。現代發達國家的許多大企業，都十分注意調整老板與員工的關係，使雇傭關係塗上協作關係的色彩，甚至通過股份制在某種程度上淡化二者間的界限。這樣做是有助於生產效率提高的。

厚下安宅

語出《象辭上傳・剝卦》：「山附於地，剝。上以厚下安宅。」剝是剝落的意思，山本是高起於地的，由於下不厚而坍頹下來附著於地，這是圮剝之象，圮剝始原於下，下剝則上危。故為上者觀剝之象，施於管理操作，就應該首先「厚下」，使下屬職工蒙承福澤，由此求得「安宅」。

「厚下安宅」其實也就是古人常說的民惟邦本，本固邦寧的意思。唐代政治家魏徵（五八〇－六四三）勸諫唐太宗說，「水能載舟，亦能覆舟」，亦是此意。唐太宗也正是因為能接受這樣的意見，以亡隋為戒，才使當時的社會經濟逐漸走上了發展的軌道，形成了被史學家譽為「貞觀之治」的興盛局面。

從現代管理學的角度看，人類生產活動的根本動機源於慾望，而激勵也即不斷使這種慾望獲得適當滿足，對提高其積極性，往往產生強制驅動所難以產生的效果。人的慾望有各種高低不同的層次，如生理需要、安全需要、社交需要、尊重的需要、自我實現的需要等。任何一個企業，要想求得持續穩定的長期發展，就必須有合理有效的組織系統，要想建立這種組織系統，就必須首先使員工最基本的生理需要、安全需要得到保障，並使其高層次需要起碼不造成受挫感，這樣，才能指望他們對企業忠誠，努力工作。

如果一個企業經常發不出工資，連職工的基本生存都不能維持，或領導者高高在上，對下屬的疾苦不聞不問，那怎麼可能調動起其內在的積極性呢？

在日本和歐美等國家，一些有條件的大公司，總是儘可能給職工以比一般中小企業更高的工資，使他們得到更優厚的福利保障。如在日本豐田汽車公司，員工如沒有住房，可以住低房租的公司員工宿舍，五年以上工齡的員工私人購屋，可以向公司領取五百萬日圓以下的購屋貸款，然後二十年內還清。員工沒有汽車可以買公司生產的豐田車，給予八折優待。員工買車有經濟上的困難，可以享受公司的無息購車貸款，分期償還。

此外，豐田公司還為員工提供許多設備良好、環境安靜的體育場、文娛室、醫療中心、圖書館和研究中心等。由於這些優厚的待遇，大大激發了員工們安心工作的積極性，十分有利於培養以公司為家的好風尚。

對於管理活動來說，不僅設法保障部屬基本的生存，安全需要，而且也要設法滿足他們的榮譽感、自尊心等更高層次的慾望。常言道「士為知己者死，女為悅己者容」，所謂「知」、「悅」，從管理科學的角度分析，都不外乎是使對方產生某種自我價值得到實現、得到承認的欣慰感，這種自我價值實現的滿足是如此具有激勵效果，以致於會讓對方因之死而無憾。

現代企業管理經營者也普遍意識到了這其中的奧妙。如松下、豐田等為代表的優秀公司，主管者都十分注意營造使屬下有主人感覺的工作環境氣氛，十分注意滿足員工做人的榮譽感，每當屬下員工有了婚娶宴慶之類活動，領導都儘可能抽時間到場表示祝賀。松下在其題為《挑剔不如欣賞》的一篇談話中，就曾諄諄告誡企業管理者說：「經營者如果能以欣賞的眼光來觀察部屬的優點，那員工因受人尊重而振奮。」

利物和義

語出《文言傳・乾文言》：「利者，義之和也……利物足以和義」。唐朝學者孔穎達（五七四—六四八）《周易正義》釋文說：「利物足以和義者，言君子利義萬物，使物各得其宜，足以和以義，法天之利也。」是說，利就是使萬物各得其利，從而各得其宜，這就是義。

「利物和義」，從管理的角度看，意味著對屬下物質利益的關心和道義規範的要求的統一。朱熹《周易本義》稱：「以仁為體，則無一物不在所愛之中，故足以長人。嘉其所會，則無不合禮。使物各得其利，則義無不和。」

《周易》出於其強烈的實用性、功利性品格，非常重視義和利的統一性，凡是行事得宜而合乎義的行為，必然能給人們帶來利益，凡是能夠給人們帶來利益的行為，必然合乎義的規範。

義和利，協調共濟，相因相成，構成一種整體性的和諧，使屬下各得其益，理所當然地包含著使屬下得到較好的福利待遇，這是所謂義的基礎。試想，下屬部門人員如果在利益分配上總受到不公平待遇，總是有心理上的不平衡感，那他們怎麼可能樹立起正義感，怎麼能發揮出工作的積極性、主動性呢？

但這種利的給予又不應只是小恩小惠式的單純物質的引誘迷惑，而應是內在地統一於義的要求下，使其真正自覺地去合乎義。這事實上是要求管理活動中福利物質刺激與職業道德教化的統一。它既不同於空洞的單純道德說教，容易引起下屬的反感，也不同於單純物質金錢的獎勵，只能產生暫時的動力效果。在利益的基礎上，道義教育顯得切實具體，因而容易被接受；在道義原則的涵攝之下，物質福利也有異於純感性慾望的誘惑，而成為增強系統凝聚力的手段。中國管理理論的這種特色十分值得重視。

所謂日本式管理與歐美式管理的根本區別，就在於前者受了東方傳統管理觀念追求福利原則與道義原則內在合一性的影響。日本企業普遍顯示出對員工福利的重視，因而有所謂「終身雇傭」、「年功序列」、「企業工會」構成了戰後日本企業經營的「三大法寶」的說法。

但，這種對福利的重視又與對員工敬業精神，為企業的獻身精神，乃至為民族國家盡忠精神的培養教育始終相連。

日本近代「巨星式人物」澀澤榮一倡導「道德經濟合一」論，並從中提煉出「論語加算盤」的口號。在其自傳《雨夜譚》中，他認為：「經濟與道德，政治與道德，即所謂義與利，必須加以充分地權衡，才能獲得真正的文明和富貴。否則，是不可思議的。」著名學者長幸男評述澀澤榮一這種思想時指出，這充分揭示了資本主義形成過程中，企業家們身上的儒教倫理氣質。

他還稱，企業的經營，儘管實行近代資本主義的競爭，但必須受「道德經濟合一」即「義利兩全」經濟倫理的制約。個人、企業追逐利潤，開展競爭，應以「公益」、「國益」至上為前提，這樣才可稱之為真正的、合理的富。

這種思想在一些優秀日本企業家的經營管理實踐中可以得到充分的證實。如松下電氣公司確立的「松下精神」的首要一條，就是「產業報國的精神」。松下幸之助曾對這一條作過如下解說：公司經營好比人的一生，小時候起碼不要危害到社會；長大了，更要負起貢獻社會的責任。任何時候企業寧可犧牲業績，也不能忽視社會正義，亦不能違反社會道德。把追求利潤視為企業的至上目的，忘了社會責任，就是忘了根本的使命。

從這個意義上說，逃稅比破產更可恥。因為破產有可能只是一時經營不善，而逃稅是違背了國民義務。所有這些言論，作為公認的日本成功的現代化創業的重要經驗，都應有益於我們今天對「利物和義」原則，在市場經濟建立過程中，作用的重新認識。那種絕對否認傳統文化的人文追求與現代化經濟無融合可能性的觀點，顯然是站不住腳的。

揚善懲惡

語源《象辭上傳・大有卦》：「火在天上，大有。君子以遏惡揚善，順天休命。」大有卦乾下離上，有麗日在天之象，君子應效法它以光明普照天下，從而發揚善道，止絕惡行。不論止絕抑或發揚，都是符合自然正道的。如《伊川易傳》所稱：「治眾之道在遏惡揚善而已。惡懲善勸，所以順天命而安群生也。」

揚善懲惡是從積極和消極兩個不同的側面，對管理活動中用人原則所作的規定。紀律和法規是一切管理活動的生命。儘管現代管理科學越來越不贊同嚴懲型的管理模式，但絕不意味著不要維護紀律、嚴明規章。

春秋時期，鄭國子產（公孫僑？—前五二二）比喻說，火性很猛，人見了害怕，所以很少有人被火燒死，而水性柔弱，人喜歡玩水，因此不少人被水溺死。只有真正嚴明紀律，才有利於屬下各安職分，積極工作。如果法度不備，或雖備而不行，那勢必形成「老實人吃虧，奸滑者討巧」的反常現象，認真盡力工作的人就會因之受到不良刺激，整個組織必然由此陷入混亂。

揚善就是要鼓勵下屬，樹立正面典型。對於做出了優異成績的下屬，只有給予應有的肯定，才能使他們保持積極性，並調動起其他人的積極性。西方管理理論認為管理的最簡要的定義方式可表述為：「經由他人達到企業組織的目標。」這說明如何激發人的工作積極性是管理的關鍵問題。組織行為學的一個廣為人知的公式是：績效＝f（能力、激勵）。根據這個公式，兩個能力相仿的人，他們的功效高低將決定於激勵水平。

心理學家的測試結果顯示，個人競賽組和獎懲組效果最好，而沒有任何激勵措施的控制組成績最差。可見，管理者的表揚激勵占有多麼重要的地位。

與激勵褒揚相反的批評懲罰同樣是重要的，二者相反相成，是同一問題的兩個側面。沒有對錯誤落後的懲誡，則表揚必然流於沒有原則的隨意之舉，最終喪失應有的激勵效果。松下幸之助的經營謀略以激勵為特色，但他認為對犯錯誤的員工給予適當的譴責是必要的。

《管子・權修》中說：「見之可也，喜之有徵。見其不可也，惡之有刑。賞罰信於所見，雖其所不見，其敢為之乎？……賞罰不信於其所見，而求其所不見之為之化，不可得也。」賞罰揚懲要想取得應有效果，作為主管者，就必須有公正不偏之心，賞所當賞，罰所應罰，而絲毫不為人情所動。特別當問題涉及到高層人物乃至主管者本人時，維護賞罰分明的原則更顯出格外的重要性。

如松下幸之助為維護這個原則，就曾為了僅有的一次上班遲到十分鐘，把包括自己在內的八位幹部，處以減薪的懲罰。可以看出，這位經營之神是多麼重視有惡必懲、有錯必糾的原則，即使會觸動下屬高層人員乃至自身，也不能手軟。

崇德廣業：領導修養

在管理活動中，領導者的素質的高低，修養的好壞，對企業的興衰成敗具有決定性的作用。一個好的領導者常常能妙手回春，使一個瀕臨於破產的企業煥發生機，扭虧為贏。相反，一個壞的領導者卻往往把一個運作正常的企業帶入絕境。這個道理已經為大量的事實所證明。易學十分重視領導修養問題，就崇德與廣業的關係作了詳盡的闡述。《系辭上傳》指出：「夫《易》，聖人所以崇德而廣業也」。崇德是從加強人的修養方面說，廣業是從成就事功方面說。崇德是廣業的必要條件，廣業是由崇德所自然結成的碩果。因此，作為一個企業的領導，對自身的修養決不可等閑視之。

領導修養不外乎通過不懈努力提高自己的品德和學識，包括德與才兩個方面，而最高的境界就是窮神知化，即德與才的結合，主觀與客觀的統一。「自強不息」與「厚德載物」是領導者應該具備的兩個最重要的品德。

《易傳》認為，「天行健，君子以自強不息」；「地勢坤，君子以厚德載物」。這兩個品德也就是天地之德，乾坤之德。乾之德剛健，坤之德柔順，剛健故積極進取，柔順故寬厚博大。一般人通常只有其一而不得其全，或偏於陽剛，或偏於陰柔。對於一個優秀的領導者來說，則應提出更高的要求，把陽剛與陰柔結合起來而成其中和之美，雖剛健但不剛愎自用，雖柔順但不優柔寡斷。

「革故鼎新」是就開放改革的精神而言的。革故是改革舊事物，鼎新是建設新事物。一個領導者若無這種革故鼎新的精神，因循保守，頭腦僵化，蹈襲陳規，不思振作，將會落後於形勢，跟不上潮流，最終為時代所淘汰。

「惡盈好謙」是要求領導者力戒驕傲自滿，始終保持謙虛的作風。所謂「滿招損，謙受益」，說的也是這個意思。謙是必須合乎中道，即合乎事物的本來面目，無過無不及。驕傲自滿之所以錯誤，原因就在於把成績過分地誇大，不合乎事物的本來面目。如果故意縮小已有的成績，一味地謙虛，這就違反了中道，而流入虛偽了。

「進德修業」是指應以奮進不息的精神和堅強的毅力來提高自己的修養，像乾卦的九三那樣，終日乾乾至於夕而猶惕然，戒慎恭謹，毫不懈怠。

進德是增進品德，這種品德應該使之內在化，存而不失，永遠保持，變為自己所本有之誠。如果做到這個地步，就能由進德而發為修業。因而修業是一個由內發而為外的過程，自然而然。雖然屬於外在的事功，卻是以長期的品德修養的深厚積累為基礎的。

「窮神知化」是修養所達到的最高境界。這是一種哲學的境界，一方面對事物的客觀規律有著深邃的了解，另一方面對領導藝術有著很高的造詣，爐火純青，出神入化，能夠應付裕如，無往而不自得。如果達到了這個境界，這就由必然的王國進入到自由的王國了。

自強不息

語出《象辭上傳．乾卦》：「天行健，君子以自強不息。」天道運行，周流不殆，無時虧退，顯示出強健的生命精神。欲有所作為者，觀此卦，就應樹立起終生自勉前進，永不懈怠的志向。中華民族正是本著這種精神，才克服了種種挫折磨難，跨越五千年的巨大歷史空間，而始終保持自身發展的連貫性。

在中國歷史上，凡對社會文化有傑出貢獻者，也無不是本著此種精神，困而彌艱，挫而愈奮，百折不撓地追求進取。孔子生當末世，顛沛流離，然終能以知其不可而為之的弘毅，終生志於道而無有稍悔，究其根源，無非一乾健自強不息而已。而孟子亦常以天將降大任於斯人的豪氣自勵勵人。保持這種精神，於無路的絕境中往往也能開出一條新路。

日本傑出企業家土光敏夫在其《經營管理之道》中提出了許多取得事業成功的要訣，其中最重要的一條，就是對信念的強調，稱之為「執著信念」。所謂「執著的信念」，其實質就是一種自強不息、頑強進取的精神。做任何工作，都難免有困難和失敗，遇到這種情況，支撐我們的，只能是「執著的信念」。土光敏夫把商朝始祖成湯「苟日新，日日新，又日新」的座右銘，刻在他常用的盤子上以為自警。

麥科馬克是美國年收入達兩億美元的大公司老板，他在《經營訣竅》中敘述的成功之道的第一條，就是刻意創新的精神。麥科馬克成功的道路實際上是一條不斷開拓、不斷創新的道路。他反覆強調不能「鈍化銳氣」，強調突破現狀是

「一場戰鬥」。他明確指出，「創業固然需要充分的財力和專業技術，但更重要的是一股闖勁。」

領導能力雖由學識和能力綜合而成，但其核心則為意志力。

松下幸之助認為，一個領導者沒有領導的意志，是沒有資格當領導的，這比具有優秀的技術或善用人才的能力更重要。他說：「領導者須先提出目標，接著強有力地表達非達成不可的決心，設法把你強烈的意志力明確地傳達給部屬，讓他們受到你的感召。」

市場就是戰場。現代社會激烈的經濟競爭對每個經營領導者都提出了嚴峻的挑戰。沒有鍥而不捨的一股精神勁兒，沒有排除一切阻礙實現目標的雄心壯志，在各種各樣的壓力衝擊下，企業不可能獲得成功，即使僥倖小有所獲，也難以穩定保持下去。

法國經濟學家讓·克雷芒和米·桑蒂，在八年中幫助五百多名青年企業家成功創業，他們得出結論說，企業家若要成功地經辦企業，除其他條件外，必須同時具備三種才幹：願意獨立制訂有經濟抱負的計劃；決心幹一番事業，並一定要幹成功的志氣；殷切希望提高自己的社會地位的權慾。這三種才幹都歸結於是否具備一種義無反顧的進取奮鬥精神。作為領頭者的主管人員，要有那麼一點精神。而所謂一點精神，說到底就是自強不息的追求意志。

厚德載物

語出《象辭上傳・坤卦》：「地勢坤，君子以厚德載物。」《彖辭上傳・坤卦》亦稱：「至哉坤元，萬物資生，乃順承天。坤厚載物，德合無疆，含弘廣大，品物咸亨。」這是說，大地受天之施，發育萬物，使百物昌榮。君子觀坤之象，體坤之德，要寬厚博大，包容一切。

厚德載物與自強不息，分別強調了欲有所成就者應具備的品德的兩個不同側面。自強不息指進取果敢，性屬剛健；厚德載物，指涵容養育，性屬柔順。純任剛健以治物，其弊在往往悖逆物性。一味柔順以處世，則已之道不免因之而廢。故乾坤並健，無過無不及，是中國傳統政治管理藝術的基本原則。

中國文化講究的是乾健以自強，坤柔以待人，二者不可偏廢。六十四卦之變動，無不以此一陰一陽為統宗，此即《易傳》所謂易簡，天下之理備於其中矣。

管理者要想成就事業，一方面要有自強不息的奮鬥精神，另一方面要胸懷若谷，涵容屬下，能潤物無聲，感化人教育培養周圍個個不同的人眾。此即「厚德載物」。厚德載物的品德同專制獨裁，排斥異已的作風是不相容的。這種品德就是孔子倡導的「溫良恭儉讓」。

松下幸之助斷言，獨裁的作風，並不能使經營成功。一般人通常以為，特別優秀的人，實行獨裁經營，大概有助於問題的迅速解決，但松下以為，優秀的人實行獨裁經營格外可怕。

他甚至以希特勒作為例子對這種想法加以警告。他強調管理活動中虛心的態度特別重要，虛心的態度，就是認真聽取並準備接受任何人的意見的態度。能虛心請教他人，才能集思廣益，比一個人獨自暗中摸索要少出差錯，所謂「三個臭皮匠，勝過諸葛亮」，就是這個意思。

虛心也意味著尊重部屬，信任部屬，不隨便插手指責部屬分工的工作。自古以來，管理原則都強調要基於信任用人。戰國時魏文侯（魏斯　?—前三九六）以樂羊為帥，去攻打中山國。因為樂羊兒子在中山國，而整個戰爭過程又很曲折，所以朝中許多人議論紛紛，懷疑樂羊會為了兒子與中山國勾搭。魏文侯卻不以為然，反而派人去慰問樂羊，終於大獲全勝，征服了中山，成為幾千年來領導者用人不疑的好例子。如果領導者經常干涉部屬職權範圍內的工作，就會使整個群體的運行陷於隨意性狀態，令員工們感到無所適從。

不隨意插手不意味著不聞不問。「載物」之「載」不是消極的包容，而是應加以化育。能化育，方能顯出其德之厚。現代企業領導一方面十分重視虛已待物，傾聽下屬的聲音；另一方面也十分重視對下屬的薰陶、調養和訓練。

如日本企業，尤其是大中型企業普遍以中、高等學校的應屆畢業生為職工的主要來源。但日本企業並不把新雇傭的應屆畢業生當作夠格的職工，僅僅把他們看成是可以加工琢磨的「壞料」。企業雇傭新職工時，是準備經由長時間持續的企業內教育培訓，琢「璞」成「器」。不難看出，優秀的領導者對下屬，不僅能用其才，且能養其能，使其在自己身邊的過程，既是工作創造的過程，同時也是成長的過程，這樣才能保證企業的興旺。

革故鼎新

語本《雜卦傳》：「革，去故也；鼎，取新也。」三國的王弼以為，「革去故，鼎取新。既以去故，則宜制器立法以治新也。」革指變革，而且是指非常激烈的變革。朱熹認為，至此之時，須徹底從新鑄造一番，「非止補其罅漏而已」。革卦主旨，一是強調應抓住時機，斷然推行變革；二是行變革者應依循正道，以至誠之心取信於人，如此則元亨可致，悔恨皆消。《彖辭傳》中所謂「湯武革命，順乎天而應乎人」，就是此種意思。鼎卦承革之後，借烹物化生為熟，和合五味之意，喻行使權力，經營天下，自新而新人之。

革故鼎新表明，不論自然界抑或人類社會，一切存在都處在變化發展之中。這種變化發展往往會以類似改朝換代那種非常激烈的方式表現出來。決策者要想取得成功，就不能違背這種客觀的規律，而要與時俱化，主動地進行變革，去舊而立新。

自新而新人的變革意識，對於任何領域裡優異成績的取得，都是一條很重要的經驗。作為企業經營活動中的領導者來說，同樣必須樹立起不斷開拓新途徑、新領域、新方法的勇氣。創業本質上就是創新。過去有句老話說，創業難，守業更難。其實，創業與守業是很難截然分開的。

任何一種事業，單純的守是守不住的，總是需要予以不斷地開創發展，才能保持其生命力。現代科技革命使得整個社會經濟以前所未有的速度迅猛發展。而面臨這種新形勢，企業領導者更要義無反顧拋棄那些已過時的老章程、舊技術，不斷引進新技術，開發新產品，努力適應市場最新的消費需要。只有這樣，才能使企業不斷走向興旺。

古希臘哲人赫拉克利特說過，人不能兩次走進同一條河流。世界每時每刻都在發生著變化，所以優秀的領導者總是在從事著「變法」的工作。

八〇年代初期，持續數年的經濟衰退，使美國的汽車製造業蒙受了沉重打擊，受挫最甚的，要數克萊斯勒公司。這個名列全美第三的大汽車公司，從一九七八年到一九八一年共虧損三十六億美元，行家斷定其倒閉指日可待。可是克萊斯勒就是在這樣的情況下，由於採取了適應形勢的改革，竟神奇地從死亡線上活了過來，逐步走向中興之路。

克萊斯勒改革的關鍵，一是聘請經驗豐富的艾柯卡任董事長，大膽關閉部分分廠，拍賣海外設備、裁員；二是大膽革新傳統生產經營方式，停止不看市場行情的生產方式，並努力吸取日本公司的許多有效做法。這些大膽的改革措施很快有了成效，從而擺脫了危境。顯然，沒有改革精神的領導者，是不可能帶領企業經受這樣凶險考驗而終於安然無恙的。

惡盈好謙

語出《彖辭上傳・謙卦》：「謙，亨。天道下濟而光明，地道卑而上行。天道虧盈而益謙，地道變盈而流謙，鬼神害盈而福謙，人道惡盈而好謙。」天之道，因下降濟物而愈顯光明；地之道，能處卑微乃有地氣源源上行。天之道，就是要損減盈滿，補益謙虛；地之道，就是要變易盈滿，充實謙虛；鬼神之道，是要危害盈滿，施福謙虛；人之道，也同樣是憎惡驕滿，贊賞謙虛。不論從哪個方面看，謙虛的結果都是吉而順，所以君子無論居尊處卑，均不可改其謙虛之德。

謙虛的品德，自古就受到人們普遍的推崇。《尚書・大禹謨》稱：「滿招損，謙受益。」又稱：「汝惟不矜，天下莫與汝爭能；汝惟不伐，天下莫與汝爭功。」《老子》也說：「不自伐，故有功；不自矜，故長。」

自命不凡，自以為是，就會固步自封，就會由停滯而落後，而時刻清醒地意識到自己的弱點、不足，就必然有益於自己的進步。有人以為，謙謙君子，只在封閉落後的古代才值得稱道，在市場經濟的競爭大潮中，如果還提倡謙虛，就未免過於迂腐，不合時宜。

其實，這是十分表面化的看法。謙虛的態度，只要不流於虛偽，由於能幫助我們自覺地尋找自己身上的短處，挖掘潛力，有意識地借鑒別人的成功之處，因而在任何時代，任何地區，都有它不容抹煞的益處。

松下幸之助取得了那樣大的經濟成功，受到了普遍的推崇，甚至被譽為「經營之神」，但他卻經常強調，要認真聽取下屬，哪怕是一位小徒工的意見。有時帶著客人參觀公司，他會非常認真地指著某一位員工，說這位下屬其實比自己更優秀。松下的管理活動有個重要特色，就是極端重視企業整體精神品格的塑造。三〇年代的創業階段，他就制定了指導松下公司整個經營方向的七條原則，其中就包括謙虛禮讓精神。

唐朝文學家、哲學家柳宗元（七七三—八一九）《師友箴》中說：「不師如之何？吾何以成！」人們生活在複雜的社會關係網中，要想得到有關各方面的協助、支持、合作，就必須謙虛和善、尊重別人，這樣人家才樂於和你接觸、交往，樂於主動幫助你。

作為領導者，由於其所從事的管理工作格外複雜，要想取得成功格外需要有關人員的配合，所以謙虛的修養就顯得更加不可缺少。

領導者由於所處的位置特殊，如果不能正確認識自己，不能妥當地看待處理與下屬的關係，就會比一般人更容易遭到反感。

宋代青州有位叫王沂公的人，中了狀元後回鄉，太守特地讓父老鄉親們敲鑼打鼓迎接他，他知道這個情況後，換了便服，騎著毛驢，不走大道，悄悄進城見了太守。太守大吃一驚，問是怎麼回事，王沂公忙說：「太守呀，我無德無能，僥倖中了狀元，哪敢麻煩郡守、父老鄉親們迎接呢，那會加重我的過錯的。」雖是發生在舊時代的故事，至今讀來仍不乏親切之感。

有些人不懂得「謙受益」的道理，「一朝權在手，就把威風抖」，以為領導就要像個「領導的樣子」，否則就會被別人看輕，本來同群眾親密無間，此時卻愛官腔官調，哼哼哈哈，這是非常糊塗的。領導威信不是裝出來的，也不是人為地樹起來的，而是實實在在地幹出來的。沒有實績，架子越大，則群眾越不以為然，威信越低。

✖進德修業

語出《文言傳·乾文言》：「九三曰：『君子終日乾乾，夕惕若厲，無咎』，何謂也？子曰：『君子進德修業。忠信，所以進德也。修辭立其誠，所以居業也。』」德是指品德修養，業是指功業。君子終日之間，都應奮進不息，即使天黑了以後，也要像白晝一樣戒慎恭謹，毫不懈怠，這樣才可以不斷增進品德，修為功業，使之日新，日日新。進德指提高內心的境界，修業指增進外在的功業，二者不可偏廢。如其所說：「君子學以聚之，問以辨之，寬以居之，仁以行之。」進德修業從一個特定側面，表現了自強不息的不斷取精神。

進德與修業雖然不可偏廢，但在儒家看來，進德是修業的基礎。所以《文言傳》將進德置於首位，這也是中華文化的特色之一。作為企業的領導者，如果心術不正，道德品質不過硬，竭盡其才智學識去謀取暴利，從事違法亂紀和傷害消費者利益的事，遲早要受到法律的制裁，以破產而告終。將功業納入進德的軌道，其功業方能發揚光大，從而贏得社會的尊重。

孔子的弟子子夏說過：「仕而優則學，學而優則仕。」強調學習的重要性。

作為一個優秀的領導者，在「仕」以後，仍要堅持不斷學習。高超的管理活動需要獨創性的見解、高超的決策能力和勇敢的拓荒精神，這些都以豐裕的知識素養為前提。正如泰勒博士所說，具有多種知識和經驗的人，比只有一種知識和經驗的人，更容易產生新的聯想和獨到的見解。

尼古拉・富加是前蘇聯一位優秀企業家，二十八歲就出任一個大聯合企業的總經理，短短幾年，使得企業面貌煥然一新。當人們研究他成功的秘訣時，發現他那淵博的經濟學知識，是他採取種種驚人之舉的智慧的源泉，而這些知識又是在起五更、睡半夜的刻苦鑽研中獲得的。

有些領導把學習看成軟任務，總感到事務多、工作忙，沒時間學習，自覺不自覺地就放鬆了這方面的自我鞭策。其實，磨刀不誤砍柴工，不願花時間磨刀，就只能用鈍刀子砍柴，結果是吃力不討好。

前些年有家大型機械廠，三年虧損一千多萬，全廠上下一片焦慮。新領導上任後，斷然下令拆除老生產線，立即建立五條新生產線，改變了生產結構。結果產值猛增，迅速結束了虧損的局面。有人認為這是「瞎貓碰到死老鼠」，其實，單純僥倖是不可能造成這樣的新局面的。新領導剛上任時，千頭萬緒，不可謂不忙，但他們還是在百忙中擠出時間精心研究當代企業管理理論，外出考察同類先進企業的先進經驗，結合分析本廠具體情況及失利原因，由此才看清了形勢，明確了方向，從而扭轉了企業局面。

做一個稱職的領導，不僅要有淵博的知識素養，而且還要不斷更新自己的知識儲備。近代以來，科學技術呈加速發展的態勢，知識陳舊週期大大縮短，科學轉化為應用技術形成生產力的週期也在縮短，新的觀念、新的設計、新的產品令人目不暇給，所以有人用「知識爆炸」的說法來加以描述。

置身這樣的時代，如果不注意吐故納新，努力接收新信息，新知識，即使是學富五車的學者型人物，也難免落伍的命運。

不斷進步不斷提高是一個持之以恆的過程，不可能一蹴可幾，因而就需要付出比別人更多的努力辛勞。

著名數學家華羅庚的親身體會是：「勤能補拙是良訓，一分辛勞一分才。」所謂的天才，無論在科學創造和經濟競爭上，都意味著更多的汗水。「業精於勤荒於嬉，行成於思毀於隨。」幹什麼事業能有例外呢。

香港環球航運集團主席包玉剛，從一條舊貨船起家，僅用二十餘年時間，就獲得了「世界船王」的美譽，就其自身條件看，很重要的一條就是勤奮刻苦的努力精神，有了這種精神，他的天賦的機智、專業的特長，才被充分地利用了起來。年輕時因日軍侵華而失去了上大學的機會，他就利用工作中的自學和實踐加以彌補。當時和他一起工作的人，總是看到他在工餘讀書、習字、念英語，以至被親友引為教育子女的榜樣。轉營航運後，又不斷確立學習和研究的新課題，中東局勢、兩伊戰爭、石油供求變化、日本與歐美經濟趨勢等等，無不加以思考，因此才能抓住每一個有利的機會。懶散成性，躺在已經取得的成績上，又怎能摘取別人倍嘗艱辛才創造的果實呢？

窮神知化

語出《系辭傳下》：「窮神知化，德之盛也。」神指事物變化的性能神妙、莫測，化指事物變化的過程和法則。這是說，深入探討事物變化的原因，認識和掌握變化的規律，就是最高的德行。張載解釋神知化說：「神，天德；化，天道」（《正蒙•神化》）。又說：「神化者，天之良能，非人能，故大而位天德，然後能窮神知化。」他將神化理解為氣化萬物的性能和過程，有其客觀的規律性，是不因人的意志為轉移的。聖人的修養境界應同氣化的過程和規律合而為一，所謂「與天合一」。張載此說認為，事物的發展有其自身的原因和客觀規律，人不能違背，應認識和掌握它，達到成熟的地步，就是最高的德行和智慧。

這是對領導者的修養提出更高的要求。

領導的基本職能就是決策。決策就是要為主體的各類活動確立戰略目標和戰略原則。決策正確與否影響甚大，直接影響據以活動的群體的興衰沉浮。要想正確地決策，就必須對客觀世界有全面深入的把握，認識和掌握其變化的原因和規律。中醫學稱「一脈不和而周身不適」，指人體是一個複雜而又神奇的活的有機整體，所以必須辨證施治，而不能簡單化地頭痛醫頭，腳痛醫腳。

我們主體經營活動所涉及的對象世界，也是變化多端、相互聯繫的整體，不弄清其變化的原因和規律，是不能作出正確的決策的。看問題要善於抓住根本和要害處，不僅要把握其已經展開的現實性，而且能捕捉那些預示其未來發展可能性的細微徵兆。一葉知秋，只有對氣候變化的規律有真切體會的人，才能在暑意尚盛的當口，體察那表面熱烈背後的涼意。

上海塗料研究實驗工廠剛建廠時，由於緊緊依靠科技力量，產品很快贏得了顧客的青睞，市場供不應求。面臨這種情況，通常的選擇可有如下幾種：①擴建工廠，增加設備，增加工人；②增加工人，增加開工班次；③將產品轉讓給生產能力過剩的塗料廠生產。

但該廠廠長在全面分析情況後，採用了如下方案：適當增加新工人，由老工人帶新工人，並迅速讓新工人頂班作業，替換下來的有經驗的工人管理人員和技術人員開發試製高一級的新產品，並籌建生產新產品的分廠。

事實證明工廠的這一決策是成功的：老廠生產能力沒擴大，故繼續保持較好的市場形勢；分廠產品借老廠渠道短期內就打開了銷路；分廠從老廠中分化而出，大大縮短了投產時間。這種決策的成功，無疑要歸功於領導者對自身和市場情況的全面而深入的認識，與客觀形勢的發展合而為一。

按中國文化的傳統精神，管理的關鍵是修己安人。管理不是一個靜態的實體，而是管理組織內人、事、地、物諸關係的連續不斷的調整變化，它始於修己，終於安人，是一個動態化的過程。因此，一舉一動，一招一式，都要合乎道理。所謂道理，不僅是主體的價值理想，更是指對象存在的客觀規律。窮神知化，就是要求領導者的主體與客體合而為一。這種境界，不是一蹴而成的，要經過長期修養方能見效。這也是進德修業的最終目的。

後　記

本書在朱伯崑院長提出的總體框架基礎上編寫而成。其他編作者有：中國社會科學院趙峰博士和韓民德博士（撰寫緒論和易學與經營管理），武漢大學哲學系唐明邦教授（撰寫易學與管理原理），中國管理科學院朱力教授，中國國際科技交流中心米險峰碩士（撰寫易學與預測決策）。

由於這是一個新的研究課題，加之編寫倉促，肯定有不少欠成熟之處。我們懇切期望得到專家和讀者的批評指正，以便進一步加以完善。

大展出版社有限公司
品冠文化出版社

圖書目錄

地址：台北市北投區(石牌)
致遠一路二段 12 巷 1 號
郵撥：0166955～1
電話：(02)28236031
28236033
傳真：(02)28272069

・法律專欄連載・大展編號 58

台大法學院　法律學系／策劃
法律服務社／編著

1.	別讓您的權利睡著了(1)	200 元
2.	別讓您的權利睡著了(2)	200 元

・武 術 特 輯・大展編號 10

1.	陳式太極拳入門	馮志強編著	180 元
2.	武式太極拳	郝少如編著	200 元
3.	練功十八法入門	蕭京凌編著	120 元
4.	教門長拳	蕭京凌編著	150 元
5.	跆拳道	蕭京凌編譯	180 元
6.	正傳合氣道	程曉鈴譯	200 元
7.	圖解雙節棍	陳銘遠著	150 元
8.	格鬥空手道	鄭旭旭編著	200 元
9.	實用跆拳道	陳國榮編著	200 元
10.	武術初學指南	李文英、解守德編著	250 元
11.	泰國拳	陳國榮著	180 元
12.	中國式摔跤	黃　斌編著	180 元
13.	太極劍入門	李德印編著	180 元
14.	太極拳運動	運動司編	250 元
15.	太極拳譜	清・王宗岳等著	280 元
16.	散手初學	冷　峰編著	200 元
17.	南拳	朱瑞琪編著	180 元
18.	吳式太極劍	王培生著	200 元
19.	太極拳健身與技擊	王培生著	250 元
20.	秘傳武當八卦掌	狄兆龍著	250 元
21.	太極拳論譚	沈　壽著	250 元
22.	陳式太極拳技擊法	馬　虹著	250 元
23.	三十四式／三十二式 太極拳／劍	闞桂香著	180 元
24.	楊式秘傳 129 式太極長拳	張楚全著	280 元
25.	楊式太極拳架詳解	林炳堯著	280 元

26. 華佗五禽劍	劉時榮著	180 元
27. 太極拳基礎講座：基本功與簡化 24 式	李德印著	250 元
28. 武式太極拳精華	薛乃印著	200 元
29. 陳式太極拳拳理闡微	馬　虹著	350 元
30. 陳式太極拳體用全書	馬　虹著	400 元
31. 張三豐太極拳	陳占奎著	200 元
32. 中國太極推手	張　山主編	300 元
33. 48 式太極拳入門	門惠豐編著	220 元
34. 太極拳奇人奇功	嚴翰秀編著	250 元
35. 心意門秘籍	李新民編著	220 元
36. 三才門乾坤戊己功	王培生編著	元
37. 武式太極劍精華 +VCD	薛乃印編著	元
38. 楊式太極拳	傅鐘文演述	元

・原地太極拳系列・大展編號 11

1. 原地綜合太極拳 24 式	胡啓賢創編	220 元
2. 原地活步太極拳 42 式	胡啓賢創編	200 元
3. 原地簡化太極拳 24 式	胡啓賢創編	200 元
4. 原地太極拳 12 式	胡啓賢創編	200 元

・道 學 文 化・大展編號 12

1. 道在養生：道教長壽術	郝　勤等著	250 元
2. 龍虎丹道：道教內丹術	郝　勤著	300 元
3. 天上人間：道教神仙譜系	黃德海著	250 元
4. 步罡踏斗：道教祭禮儀典	張澤洪著	250 元
5. 道醫窺秘：道教醫學康復術	王慶餘等著	250 元
6. 勸善成仙：道教生命倫理	李　剛著	250 元
7. 洞天福地：道教宮觀勝境	沙銘壽著	250 元
8. 青詞碧簫：道教文學藝術	楊光文等著	250 元
9. 沈博絕麗：道教格言精粹	朱耕發等著	250 元

・秘傳占卜系列・大展編號 14

1. 手相術	淺野八郎著	180 元
2. 人相術	淺野八郎著	180 元
3. 西洋占星術	淺野八郎著	180 元
4. 中國神奇占卜	淺野八郎著	150 元
5. 夢判斷	淺野八郎著	150 元
6. 前世、來世占卜	淺野八郎著	150 元
7. 法國式血型學	淺野八郎著	150 元
8. 靈感、符咒學	淺野八郎著	150 元

9. 紙牌占卜學　淺野八郎著　150元
10. ESP超能力占卜　淺野八郎著　150元
11. 猶太數的秘術　淺野八郎著　150元
12. 新心理測驗　淺野八郎著　160元
13. 塔羅牌預言秘法　淺野八郎著　200元

・趣味心理講座・大展編號15

1. 性格測驗　探索男與女　淺野八郎著　140元
2. 性格測驗　透視人心奧秘　淺野八郎著　140元
3. 性格測驗　發現陌生的自己　淺野八郎著　140元
4. 性格測驗　發現你的真面目　淺野八郎著　140元
5. 性格測驗　讓你們吃驚　淺野八郎著　140元
6. 性格測驗　洞穿心理盲點　淺野八郎著　140元
7. 性格測驗　探索對方心理　淺野八郎著　140元
8. 性格測驗　由吃認識自己　淺野八郎著　160元
9. 性格測驗　戀愛知多少　淺野八郎著　160元
10. 性格測驗　由裝扮瞭解人心　淺野八郎著　160元
11. 性格測驗　敲開內心玄機　淺野八郎著　140元
12. 性格測驗　透視你的未來　淺野八郎著　160元
13. 血型與你的一生　淺野八郎著　160元
14. 趣味推理遊戲　淺野八郎著　160元
15. 行為語言解析　淺野八郎著　160元

・婦幼天地・大展編號16

1. 八萬人減肥成果　黃靜香譯　180元
2. 三分鐘減肥體操　楊鴻儒譯　150元
3. 窈窕淑女美髮秘訣　柯素娥譯　130元
4. 使妳更迷人　成　玉譯　130元
5. 女性的更年期　官舒妍編譯　160元
6. 胎內育兒法　李玉瓊編譯　150元
7. 早產兒袋鼠式護理　唐岱蘭譯　200元
8. 初次懷孕與生產　婦幼天地編譯組　180元
9. 初次育兒12個月　婦幼天地編譯組　180元
10. 斷乳食與幼兒食　婦幼天地編譯組　180元
11. 培養幼兒能力與性向　婦幼天地編譯組　180元
12. 培養幼兒創造力的玩具與遊戲　婦幼天地編譯組　180元
13. 幼兒的症狀與疾病　婦幼天地編譯組　180元
14. 腿部苗條健美法　婦幼天地編譯組　180元
15. 女性腰痛別忽視　婦幼天地編譯組　150元
16. 舒展身心體操術　李玉瓊編譯　130元
17. 三分鐘臉部體操　趙薇妮著　160元

18. 生動的笑容表情術	趙薇妮著	160元
19. 心曠神怡減肥法	川津祐介著	130元
20. 內衣使妳更美麗	陳玄茹譯	130元
21. 瑜伽美姿美容	黃靜香編著	180元
22. 高雅女性裝扮學	陳珮玲譯	180元
23. 蠶糞肌膚美顏法	梨秀子著	160元
24. 認識妳的身體	李玉瓊譯	160元
25. 產後恢復苗條體態	居理安・芙萊喬著	200元
26. 正確護髮美容法	山崎伊久江著	180元
27. 安琪拉美姿養生學	安琪拉蘭斯博瑞著	180元
28. 女體性醫學剖析	增田豐著	220元
29. 懷孕與生產剖析	岡部綾子著	180元
30. 斷奶後的健康育兒	東城百合子著	220元
31. 引出孩子幹勁的責罵藝術	多湖輝著	170元
32. 培養孩子獨立的藝術	多湖輝著	170元
33. 子宮肌瘤與卵巢囊腫	陳秀琳編著	180元
34. 下半身減肥法	納他夏・史達賓著	180元
35. 女性自然美容法	吳雅菁編著	180元
36. 再也不發胖	池園悅太郎著	170元
37. 生男生女控制術	中垣勝裕著	220元
38. 使妳的肌膚更亮麗	楊　皓編著	170元
39. 臉部輪廓變美	芝崎義夫著	180元
40. 斑點、皺紋自己治療	高須克彌著	180元
41. 面皰自己治療	伊藤雄康著	180元
42. 隨心所欲瘦身冥想法	原久子著	180元
43. 胎兒革命	鈴木丈織著	180元
44. NS 磁氣平衡法塑造窈窕奇蹟	古屋和江著	180元
45. 享瘦從腳開始	山田陽子著	180元
46. 小改變瘦 4 公斤	宮本裕子著	180元
47. 軟管減肥瘦身	高橋輝男著	180元
48. 海藻精神秘美容法	劉名揚編著	180元
49. 肌膚保養與脫毛	鈴木真理著	180元
50. 10 天減肥 3 公斤	彤雲編輯組	180元
51. 穿出自己的品味	西村玲子著	280元
52. 小孩髮型設計	李芳黛譯	250元

・青春天地・大展編號 17

1. A 血型與星座	柯素娥編譯	160元
2. B 血型與星座	柯素娥編譯	160元
3. O 血型與星座	柯素娥編譯	160元
4. AB 血型與星座	柯素娥編譯	120元
5. 青春期性教室	呂貴嵐編譯	130元
7. 難解數學破題	宋釗宜編譯	130元

9.	小論文寫作秘訣	林顯茂編譯	120元
11.	中學生野外遊戲	熊谷康編著	120元
12.	恐怖極短篇	柯素娥編譯	130元
13.	恐怖夜話	小毛驢編譯	130元
14.	恐怖幽默短篇	小毛驢編譯	120元
15.	黑色幽默短篇	小毛驢編譯	120元
16.	靈異怪談	小毛驢編譯	130元
17.	錯覺遊戲	小毛驢編著	130元
18.	整人遊戲	小毛驢編著	150元
19.	有趣的超常識	柯素娥編譯	130元
20.	哦！原來如此	林慶旺編譯	130元
21.	趣味競賽100種	劉名揚編譯	120元
22.	數學謎題入門	宋釗宜編譯	150元
23.	數學謎題解析	宋釗宜編譯	150元
24.	透視男女心理	林慶旺編譯	120元
25.	少女情懷的自白	李桂蘭編譯	120元
26.	由兄弟姊妹看命運	李玉瓊編譯	130元
27.	趣味的科學魔術	林慶旺編譯	150元
28.	趣味的心理實驗室	李燕玲編譯	150元
29.	愛與性心理測驗	小毛驢編譯	130元
30.	刑案推理解謎	小毛驢編譯	180元
31.	偵探常識推理	小毛驢編譯	180元
32.	偵探常識解謎	小毛驢編譯	130元
33.	偵探推理遊戲	小毛驢編譯	180元
34.	趣味的超魔術	廖玉山編著	150元
35.	趣味的珍奇發明	柯素娥編著	150元
36.	登山用具與技巧	陳瑞菊編著	150元
37.	性的漫談	蘇燕謀編著	180元
38.	無的漫談	蘇燕謀編著	180元
39.	黑色漫談	蘇燕謀編著	180元
40.	白色漫談	蘇燕謀編著	180元

·健康天地·大展編號18

1.	壓力的預防與治療	柯素娥編譯	130元
2.	超科學氣的魔力	柯素娥編譯	130元
3.	尿療法治病的神奇	中尾良一著	130元
4.	鐵證如山的尿療法奇蹟	廖玉山譯	120元
5.	一日斷食健康法	葉慈容編譯	150元
6.	胃部強健法	陳炳崑譯	120元
7.	癌症早期檢查法	廖松濤譯	160元
8.	老人痴呆症防止法	柯素娥編譯	130元
9.	松葉汁健康飲料	陳麗芬編譯	130元
10.	揉肚臍健康法	永井秋夫著	150元

11. 過勞死、猝死的預防	卓秀貞編譯	130 元
12. 高血壓治療與飲食	藤山順豐著	180 元
13. 老人看護指南	柯素娥編譯	150 元
14. 美容外科淺談	楊啓宏著	150 元
15. 美容外科新境界	楊啓宏著	150 元
16. 鹽是天然的醫生	西英司郎著	140 元
17. 年輕十歲不是夢	梁瑞麟譯	200 元
18. 茶料理治百病	桑野和民著	180 元
19. 綠茶治病寶典	桑野和民著	150 元
20. 杜仲茶養顏減肥法	西田博著	170 元
21. 蜂膠驚人療效	瀨長良三郎著	180 元
22. 蜂膠治百病	瀨長良三郎著	180 元
23. 醫藥與生活	鄭炳全著	180 元
24. 鈣長生寶典	落合敏著	180 元
25. 大蒜長生寶典	木下繁太郎著	160 元
26. 居家自我健康檢查	石川恭三著	160 元
27. 永恆的健康人生	李秀鈴譯	200 元
28. 大豆卵磷脂長生寶典	劉雪卿譯	150 元
29. 芳香療法	梁艾琳譯	160 元
30. 醋長生寶典	柯素娥譯	180 元
31. 從星座透視健康	席拉・吉蒂斯著	180 元
32. 愉悅自在保健學	野本二士夫著	160 元
33. 裸睡健康法	丸山淳士等著	160 元
34. 糖尿病預防與治療	藤山順豐著	180 元
35. 維他命長生寶典	菅原明子著	180 元
36. 維他命 C 新效果	鐘文訓編	150 元
37. 手、腳病理按摩	堤芳朗著	160 元
38. AIDS 瞭解與預防	彼得塔歇爾著	180 元
39. 甲殼質殼聚糖健康法	沈永嘉譯	160 元
40. 神經痛預防與治療	木下真男著	160 元
41. 室內身體鍛鍊法	陳炳崑編著	160 元
42. 吃出健康藥膳	劉大器編著	180 元
43. 自我指壓術	蘇燕謀編著	160 元
44. 紅蘿蔔汁斷食療法	李玉瓊編著	150 元
45. 洗心術健康秘法	竺翠萍編譯	170 元
46. 枇杷葉健康療法	柯素娥編譯	180 元
47. 抗衰血癒	楊啓宏著	180 元
48. 與癌搏鬥記	逸見政孝著	180 元
49. 冬蟲夏草長生寶典	高橋義博著	170 元
50. 痔瘡・大腸疾病先端療法	宮島伸宜著	180 元
51. 膠布治癒頑固慢性病	加瀨建造著	180 元
52. 芝麻神奇健康法	小林貞作著	170 元
53. 香煙能防止癡呆？	高田明和著	180 元
54. 穀菜食治癌療法	佐藤成志著	180 元

55. 貼藥健康法　松原英多著　180元
56. 克服癌症調和道呼吸法　帶津良一著　180元
57. B型肝炎預防與治療　野村喜重郎著　180元
58. 青春永駐養生導引術　早島正雄著　180元
59. 改變呼吸法創造健康　原久子著　180元
60. 荷爾蒙平衡養生秘訣　出村博著　180元
61. 水美肌健康法　井戶勝富著　170元
62. 認識食物掌握健康　廖梅珠編著　170元
63. 痛風劇痛消除法　鈴木吉彥著　180元
64. 酸莖菌驚人療效　上田明彥著　180元
65. 大豆卵磷脂治現代病　神津健一著　200元
66. 時辰療法—危險時刻凌晨4時　呂建強等著　180元
67. 自然治癒力提升法　帶津良一著　180元
68. 巧妙的氣保健法　藤平墨子著　180元
69. 治癒C型肝炎　熊田博光著　180元
70. 肝臟病預防與治療　劉名揚編著　180元
71. 腰痛平衡療法　荒井政信著　180元
72. 根治多汗症、狐臭　稻葉益巳著　220元
73. 40歲以後的骨質疏鬆症　沈永嘉譯　180元
74. 認識中藥　松下一成著　180元
75. 認識氣的科學　佐佐木茂美著　180元
76. 我戰勝了癌症　安田伸著　180元
77. 斑點是身心的危險信號　中野進著　180元
78. 艾波拉病毒大震撼　玉川重德著　180元
79. 重新還我黑髮　桑名隆一郎著　180元
80. 身體節律與健康　林博史著　180元
81. 生薑治萬病　石原結實著　180元
82. 靈芝治百病　陳瑞東著　180元
83. 木炭驚人的威力　大槻彰著　200元
84. 認識活性氧　井土貴司著　180元
85. 深海鮫治百病　廖玉山編著　180元
86. 神奇的蜂王乳　井上丹治著　180元
87. 卡拉OK健腦法　東潔著　180元
88. 卡拉OK健康法　福田伴男著　180元
89. 醫藥與生活　鄭炳全著　200元
90. 洋蔥治百病　宮尾興平著　180元
91. 年輕10歲快步健康法　石塚忠雄著　180元
92. 石榴的驚人神效　岡本順子著　180元
93. 飲料健康法　白鳥早奈英著　180元
94. 健康棒體操　劉名揚編譯　180元
95. 催眠健康法　蕭京凌編著　180元
96. 鬱金（美王）治百病　水野修一著　180元
97. 醫藥與生活　鄭炳全著　200元

・實用女性學講座・大展編號 19

1. 解讀女性內心世界	島田一男著	150 元
2. 塑造成熟的女性	島田一男著	150 元
3. 女性整體裝扮學	黃靜香編著	180 元
4. 女性應對禮儀	黃靜香編著	180 元
5. 女性婚前必修	小野十傳著	200 元
6. 徹底瞭解女人	田口二州著	180 元
7. 拆穿女性謊言 88 招	島田一男著	200 元
8. 解讀女人心	島田一男著	200 元
9. 俘獲女性絕招	志賀貢著	200 元
10. 愛情的壓力解套	中村理英子著	200 元
11. 妳是人見人愛的女孩	廖松濤編著	200 元

・校園系列・大展編號 20

1. 讀書集中術	多湖輝著	180 元
2. 應考的訣竅	多湖輝著	150 元
3. 輕鬆讀書贏得聯考	多湖輝著	150 元
4. 讀書記憶秘訣	多湖輝著	180 元
5. 視力恢復！超速讀術	江錦雲譯	180 元
6. 讀書 36 計	黃柏松編著	180 元
7. 驚人的速讀術	鐘文訓編著	170 元
8. 學生課業輔導良方	多湖輝著	180 元
9. 超速讀超記憶法	廖松濤編著	180 元
10. 速算解題技巧	宋釗宜編著	200 元
11. 看圖學英文	陳炳崑編著	200 元
12. 讓孩子最喜歡數學	沈永嘉譯	180 元
13. 催眠記憶術	林碧清譯	180 元
14. 催眠速讀術	林碧清譯	180 元
15. 數學式思考學習法	劉淑錦譯	200 元
16. 考試憑要領	劉孝暉著	180 元
17. 事半功倍讀書法	王毅希著	200 元
18. 超金榜題名術	陳蒼杰譯	200 元
19. 靈活記憶術	林耀慶編著	180 元
20. 數學增強要領	江修楨編著	180 元

・實用心理學講座・大展編號 21

1. 拆穿欺騙伎倆	多湖輝著	140 元
2. 創造好構想	多湖輝著	140 元
3. 面對面心理術	多湖輝著	160 元
4. 偽裝心理術	多湖輝著	140 元

國家圖書館出版品預行編目資料

易學與管理／余敦康主編
——初版，——臺北市，大展，2001〔民 90〕
面；21 公分，——（易學智慧；1）
ISBN 957-468-084-3（平裝）
1. 易經—研究與考訂 2. 企業管理
494 90009037

易學與管理

ISBN 957-468-084-3

主 編／余 敦 康
責任編輯／信 群・薛勁松 等
發 行 人／蔡 森 明
出 版 者／大展出版社有限公司
社 址／台北市北投區（石牌）致遠一路 2 段 12 巷 1 號
電 話／（02）28236031・28236033・28233123
傳 眞／（02）28272069
郵政劃撥／01669551
E－mail／dah-jaan @ms 9.tisnet.net.tw
登 記 證／局版臺業字第 2171 號
承 印 者／國順文具印刷行
裝 訂／嶸興裝訂有限公司
排 版 者／弘益電腦排版有限公司
初版 1 刷／2001 年（民 90 年）8 月

定 價／250 元

大展好書 好書大展